Why?

KB056759

사고력도 탄탄! 창의력도 탄탄!
수학 일등의 지름길 「기탄사고력수학」

♕ 단계별·능력별 프로그램식 학습지입니다

유아부터 초등학교 6학년까지 각 단계별로 4~6권씩 총 52권으로 구성되었으며, 처음 시작할 때 나이와 학년에 관계없이 능력별 수준에 맞추어 학습하는 프로그램식 학습지입니다.

♕ 사고력·창의력을 키워 주는 수학 학습지입니다

다양한 사고 단계를 거쳐 문제 해결력을 높여 주며, 개념과 원리를 이해하도록 하여 수학적 사고력을 키워 줍니다. 또 수학적 사고를 바탕으로 스스로 생각하고 깨닫는 창의력을 키워 줍니다.

♕ 유아 과정은 물론 초등학교 수학의 전 영역을 골고루 학습합니다

운필력, 공간 지각력, 수 개념 등 유아 과정부터 시작하여, 초등학교 과정인 수와 연산, 도형 등 수학의 전 영역을 골고루 다루어, 자녀들의 수학적 사고의 폭을 넓히는 데 큰 도움을 줍니다.

♕ 학습 지도 가이드와 다양한 학습 성취도 평가 자료를 수록했습니다

매주, 매달, 매 단계마다 학습 목표에 따른 지도 내용과 지도 요점, 완벽한 해설을 제공하여 학부모님께서 쉽게 지도하실 수 있습니다. 창의력 문제와 수학 경시 대회 예상 문제를 단계별로 수록, 수학 실력을 완성시켜 줍니다.

♕ 과학적 학습 분량으로 공부하는 습관이 몸에 배입니다

하루 10~20분 정도의 과학적 학습량으로 공부에 싫증을 느끼지 않게 하고, 학습에 자신감을 가지도록 하였습니다. 매일 일정 시간 꾸준하게 공부하도록 하면, 시키지 않아도 공부하는 습관이 몸에 배게 됩니다.

What?

「기탄사고력수학」은
체계적이고 장기적인 프로그램으로
꾸준히 학습하면 반드시 성적으로 보답합니다

✿ 스몰 스텝(Small Step)방식으로 꾸준히 학습하면 성적이 올라갑니다

「기탄사고력수학」은 단순히 문제만 나열한 문제집이 아닙니다. 체계적이고 장기적인 학습프로그램을 통해 수학적 사고력과 창의력을 완성시켜 주는 스몰 스텝(Small Step)방식으로 꾸준히 학습하면 반드시 성적이 올라갑니다.

✿ 하루 3장, 10~20분씩 규칙적으로 학습하게 하세요

매일 일정 시간에 일정한 학습량을 꾸준히 재미있게 해야만 학습효과를 높일 수 있습니다. 주별로 분철하기 쉽게 제본되어 있으니, 교재를 구입하시면 먼저 분철하여 일주일 학습 분량만 자녀들에게 나누어 주세요. 그래야만 아이들이 학습 성취감과 자신감을 가질 수 있습니다.

✿ 자녀들의 수준에 알맞은 교재를 선택하세요

〈기탄사고력수학〉은 유아에서 초등학교 6학년까지, 나이와 학년에 관계없이 학습 난이도별로 자신의 능력에 맞는 단계를 선택하여 시작하는 능력별 교재입니다. 그러나 자녀의 수준보다 1~2단계 낮춘 교재부터 시작하면 학습에 더욱 자신감을 갖게 되어 효과적입니다.

교재 구분	교재 구성	대 상
A단계 교재	1, 2, 3, 4집	4세 ~ 5세 아동
B단계 교재	1, 2, 3, 4집	5세 ~ 6세 아동
C단계 교재	1, 2, 3, 4집	6세 ~ 7세 아동
D단계 교재	1, 2, 3, 4집	7세 ~ 초등학교 1학년
E단계 교재	1, 2, 3, 4, 5, 6집	초등학교 1학년
F단계 교재	1, 2, 3, 4, 5, 6집	초등학교 2학년
G단계 교재	1, 2, 3, 4, 5, 6집	초등학교 3학년
H단계 교재	1, 2, 3, 4, 5, 6집	초등학교 4학년
I 단계 교재	1, 2, 3, 4, 5, 6집	초등학교 5학년
J단계 교재	1, 2, 3, 4, 5, 6집	초등학교 6학년

「기탄사고력수학」으로 수학 성적 올리는 일등비법을 공개합니다

※ 문제를 먼저 풀어 주지 마세요

기탄사고력수학은 직관(전체 감지)을 논리(이론과 구체 연결)로 발전시켜 답을 구하도록 구성되었습니다. 쉽게 문제를 풀지 못하더라도 노력하는 과정에서 더 많은 것을 얻을 수 있으니, 약간의 힌트 외에는 자녀가 스스로 끝까지 문제를 풀어 나갈 수 있도록 격려해 주세요.

※ 교재는 이렇게 활용하세요

먼저 자녀들의 능력에 맞는 교재를 선택하세요. 그리고 일주일 분량씩 분철하여 매일 3장씩 풀 수 있도록 해 주세요. 한꺼번에 많은 양의 교재를 주시면 어린이가 부담을 느껴서 학습을 미루거나 포기하기 쉽습니다. 적당한 양을 매일매일 학습하도록 하여 수학 공부하는 재미를 느낄 수 있도록 해 주세요.

※ 교재 학습 과정을 꼭 지켜 주세요

한 주 학습이 끝날 때마다 창의력 문제와 경시 대회 예상 문제를 꼭 풀고 넘어가도록 해 주시고, 한 권(한 달 과정)이 끝나면 성취도 테스트와 종료 테스트를 통해 스스로 실력을 가늠해 볼 수 있도록 도와 주세요. 문제를 다 풀면 반드시 해답지를 이용하여 정확하게 채점해 주시고, 틀린 문제를 체크해 놓았다가 다음에는 확실히 풀 수 있도록 지도해 주세요.

※ 자녀의 학습 관리를 게을리 하지 마세요

수학적 사고는 하루 아침에 생겨나는 것이 아닙니다. 날마다 꾸준히 규칙적으로 학습해 나갈 때에만 비로소 수학적 사고의 기틀이 마련되는 것입니다. 교육은 사랑입니다. 자녀가 학습한 부분을 어머니께서 꼭 확인하시면서 사랑으로 돌봐 주세요. 부모님의 관심 속에서 자란 아이들만이 성적 향상은 물론 이 사회에서 꼭 필요한 인격체로 성장해 나갈 수 있다는 것도 잊지 마세요.

기탄사고력수학 교재별 학습 내용

A 단계 교재

A - ❶ 교재
나와 가족에 대하여 알기
바른 행동 알기
다양한 선 그리기
다양한 사물 색칠하기
○△□ 알기
똑같은 것 찾기
빠진 것 찾기
종류가 같은 것과 다른 것 찾기
관찰력, 논리력, 사고력 키우기

A - ❷ 교재
필요한 물건 찾기
관계 있는 것 찾기
다양한 기준에 따라 분류하기
(종류, 용도, 모양, 색깔, 재질, 계절, 성질 등)
두 가지 기준에 따라 분류하기
다섯까지 세기
변별력 키우기
미로 통과하기

A - ❸ 교재
다양한 기준으로 비교하기
(길이, 높이, 양, 무게, 크기, 두께, 넓이, 속도, 깊이 등)
시간의 순서 비교하기
반대 개념 알기
3까지의 숫자 배우기
그림 퍼즐 맞추기
미로 통과하기

A - ❹ 교재
최상급 개념 알기
다양한 기준으로 순서 짓기 (크기, 시간, 길이, 두께 등)
네 가지 이상 비교하기
이중 서열 알기
ABAB, ABCABC의 규칙성 알기
다양한 규칙 이해하기
부분과 전체 알기
5까지의 숫자 배우기
일대일 대응, 일대다 대응 알기
미로 통과하기

B 단계 교재

B - ❶ 교재
열까지 세기
9까지의 숫자 배우기
사물의 기본 모양 알기
모양 구성하기
모양 나누기와 합치기
같은 모양, 짝이 되는 모양 찾기
위치 개념 알기 (위, 아래, 앞, 뒤)
위치 파악하기

B - ❷ 교재
9까지의 수량, 수 단어, 숫자 연결하기
구체물을 이용한 수 익히기
반구체물을 이용한 수 익히기
위치 개념 알기 (안, 밖, 왼쪽, 가운데, 오른쪽)
다양한 위치 개념 알기
시간 개념 알기 (낮, 밤)
구체물을 이용한 수와 양의 개념 알기
(같다, 많다, 적다)

B - ❸ 교재
순서대로 숫자 쓰기
거꾸로 숫자 쓰기
1 큰 수와 2 큰 수 알기
1 작은 수와 2 작은 수 알기
반구체물을 이용한 수와 양의 개념 알기
보존 개념 익히기
여러 가지 단위 배우기

B - ❹ 교재
순서수 알기
사물의 입체 모양 알기
입체 모양 나누기
두 수의 크기 비교하기
여러 수의 크기 비교하기
0의 개념 알기
0부터 9까지의 수 익히기

단계 교재

C – ❶ 교재	C – ❷ 교재
구체물을 통한 수 가르기 반구체물을 통한 수 가르기 숫자를 도입한 수 가르기 구체물을 통한 수 모으기 반구체물을 통한 수 모으기 숫자를 도입한 수 모으기	수 가르기와 모으기 여러 가지 방법으로 수 가르기 수 모으고 다시 수 가르기 수 가르고 다시 수 모으기 더해 보기 세로로 더해 보기 빼 보기 세로로 빼 보기 더해 보기와 빼 보기 바꾸어서 셈하기

C – ❸ 교재	C – ❹ 교재
길이 측정하기　높이 측정하기 넓이 측정하기　크기 측정하기 둘레 측정하기　무게 측정하기 부피 측정하기　들이 측정하기 활동 시간 알아보기　시간의 순서 알아보기 여러 가지 측정하기	열 개 열 개 만들어 보기 열 개 묶어 보기 자리 알아보기 수 '10' 알아보기 10의 크기 알아보기 더하여 100이 되는 수 알아보기 열다섯까지 세어 보기 스물까지 세어 보기

단계 교재

D – ❶ 교재	D – ❷ 교재
수 11~20 알기 11~20까지의 수 알기 30까지의 수 알아보기 자릿값을 이용하여 30까지의 수 나타내기 40까지의 수 알아보기 자릿값을 이용하여 40까지의 수 나타내기 자릿값을 이용하여 50까지의 수 나타내기 50까지의 수 알아보기	상자 모양, 공 모양, 둥근기둥 모양 알아보기 공간 위치 알아보기 입체도형으로 모양 만들기 여러 방향에서 본 모습 관찰하기 평면도형 알아보기 선대칭 모양 알아보기 모양 만들기와 탱그램

D – ❸ 교재	D – ❹ 교재
덧셈 이해하기 100이 되는 더하기 여러 가지로 더해 보기 덧셈 익히기 뺄셈 이해하기 10에서 빼기 여러 가지로 빼 보기 뺄셈 익히기	조사하여 기록하기 그래프의 이해 그래프의 활용 분수의 이해 시간 느끼기 사건의 순서 알기 소요 시간 알아보기 달력 보기 시계 보기 활동한 시간 알기

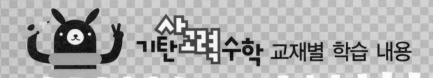

단계 교재

E - ❶ 교재	E - ❷ 교재	E - ❸ 교재
사물의 개수를 세어 보고 1, 2, 3, 4, 5 알아보기 0의 개념과 0~5까지의 수의 순서 알기 하나 더 많다, 적다의 개념 알기 두 수의 크기 비교하기 사물의 개수를 세어 보고 6, 7, 8, 9 알아보기 0~9까지의 수의 순서 알기 하나 더 많다, 적다의 개념 알기 두 수의 크기 비교하기 여러 가지 모양 알아보기, 찾아보기, 만들어 보기 규칙 찾기	두 수로 가르기 두 수를 모으기 가르기와 모으기 덧셈식 알아보기 뺄셈식 알아보기 길이 비교해 보기 높이 비교해 보기 들이 비교해 보기 무게 비교해 보기 넓이 비교해 보기	수 10(십) 알아보기 19까지의 수 알아보기 몇십과 몇십 몇 알아보기 물건의 수 세기 50까지 수의 순서 알아보기 두 수의 크기 비교하기 분류하기 분류하여 세어 보기
E - ❹ 교재	**E - ❺ 교재**	**E - ❻ 교재**
수 60, 70, 80, 90 99까지의 수 수의 순서 두 수의 크기 비교 여러 가지 모양 알아보기, 찾아보기 여러 가지 모양 만들기, 그리기 규칙 찾기 10을 두 수로 가르기 10이 되도록 두 수를 모으기	10이 되는 더하기 10에서 빼기 세 수의 덧셈과 뺄셈 (몇십)+(몇), (몇십 몇)+(몇), (몇십 몇)+(몇십 몇) (몇십 몇)-(몇), (몇십 몇)-(몇십 몇) 긴바늘, 짧은바늘 알아보기 몇 시 알아보기 몇 시 30분 알아보기	세 수의 덧셈 받아올림이 있는 (몇)+(몇) 받아내림이 있는 (십 몇)-(몇) 세 수의 계산 덧셈식, 뺄셈식 만들기 □가 있는 덧셈식, 뺄셈식 만들기 여러 가지 방법으로 해결하기

단계 교재

F - ❶ 교재	F - ❷ 교재	F - ❸ 교재
백(100)과 몇백(200, 300, ……)의 개념 이해 세 자리 수와 뛰어 세기의 이해 세 자리 수의 크기 비교 받아올림이 있는 (두 자리 수)+(한 자리 수)의 계산 받아내림이 있는 (두 자리 수)-(한 자리 수)의 계산 세 수의 덧셈과 뺄셈 선분과 직선의 차이 이해 사각형, 삼각형, 원 등의 여러 가지 모양 쌓기나무로 똑같이 쌓아 보고 여러 가지 모양 만들기 배열 순서에 따라 규칙 찾아내기	받아올림이 있는 (두 자리 수)+(두 자리 수)의 계산 받아내림이 있는 (두 자리 수)-(두 자리 수)의 계산 여러 가지 방법으로 계산하고 세 수의 혼합 계산 길이 비교와 단위길이의 비교 길이의 단위(cm) 알기 길이 재기와 길이 어림하기 어떤 수를 □로 나타내기 덧셈식 · 뺄셈식에서 □의 값 구하기 어떤 수를 구하는 식 만들기 식에 알맞은 문제 만들기	시각 읽기 시각과 시간의 차이 알기 하루의 시간 알기 달력을 보며 1년 알기 몇 시 몇 분 전 알기 반 시간 알기 묶어 세기 몇 배 알아보기 더하기를 곱하기로 나타내기 덧셈식과 곱셈식으로 나타내기
F - ❹ 교재	**F - ❺ 교재**	**F - ❻ 교재**
2~9의 단 곱셈구구 익히기 1의 단 곱셈구구와 0의 곱 곱셈표에서 규칙 찾기 받아올림이 없는 세 자리 수의 덧셈 받아내림이 없는 세 자리 수의 뺄셈 여러 가지 방법으로 계산하기 미터(m)와 센티미터(cm) 길이 재기 길이 어림하기 길이의 합과 차	받아올림이 있는 세 자리 수의 덧셈 받아내림이 있는 세 자리 수의 뺄셈 여러 가지 방법으로 덧셈 · 뺄셈하기 세 수의 혼합 계산 똑같이 나누기 전체와 부분의 크기 분수의 쓰기와 읽기 분수만큼 색칠하고 분수로 나타내기 표와 그래프로 나타내기 조사하여 표와 그래프로 나타내기	□가 있는 곱셈식을 만들어 문제 해결하기 규칙을 찾아 문제 해결하기 거꾸로 생각하여 문제 해결하기

단계 교재

G - ❶ 교재	G - ❷ 교재	G - ❸ 교재
1000의 개념 알기	똑같이 묶어 덜어 내기와 똑같게 나누기	분수만큼 알기와 분수로 나타내기
몇천, 네 자리 수 알기	나눗셈의 몫	몇 개인지 알기
수의 자릿값 알기	곱셈과 나눗셈의 관계	분수의 크기 비교
뛰어 세기, 두 수의 크기 비교	나눗셈의 몫을 구하는 방법	mm 단위를 알기와 mm 단위까지 길이 재기
세 자리 수의 덧셈	나눗셈의 세로 형식	km 단위를 알기
덧셈의 여러 가지 방법	곱셈을 활용하여 나눗셈의 몫 구하기	km, m, cm, mm의 단위가 있는 길이의
세 자리 수의 뺄셈	평면도형 밀기, 뒤집기, 돌리기	합과 차 구하기
뺄셈의 여러 가지 방법	평면도형 뒤집고 돌리기	시각과 시간의 개념 알기
각과 직각의 이해	(몇십)×(몇)의 계산	1초의 개념 알기
직각삼각형, 직사각형, 정사각형의 이해	(두 자리 수)×(한 자리 수)의 계산	시간의 합과 차 구하기

G - ❹ 교재	G - ❺ 교재	G - ❻ 교재
(네 자리 수)+(세 자리 수)	(몇십)÷(몇)	막대그래프
(네 자리 수)+(네 자리 수)	내림이 없는 (몇십 몇)÷(몇)	막대그래프 그리기
(네 자리 수)−(세 자리 수)	나눗셈의 몫과 나머지	그림그래프
(네 자리 수)−(네 자리 수)	나눗셈식의 검산 / (몇십 몇)÷(몇)	그림그래프 그리기
세 수의 덧셈과 뺄셈	들이 / 들이의 단위	알맞은 그래프로 나타내기
(세 자리 수)×(한 자리 수)	들이의 어림하기와 합과 차	규칙을 정해 무늬 꾸미기
(몇십)×(몇십) / (두 자리 수)×(몇십)	무게 / 무게의 단위	규칙을 찾아 문제 해결
(두 자리 수)×(두 자리 수)	무게의 어림하기와 합과 차	표를 만들어서 문제 해결
원의 중심과 반지름 / 그리기 / 지름 / 성질	0.1 / 소수 알아보기	예상과 확인으로 문제 해결
	소수의 크기 비교하기	

단계 교재

H - ❶ 교재	H - ❷ 교재	H - ❸ 교재
만 / 다섯 자리 수 / 십만, 백만, 천만	이등변삼각형 / 이등변삼각형의 성질	소수
억 / 조 / 큰 수 뛰어서 세기	정삼각형 / 예각과 둔각	소수 두 자리 수
두 수의 크기 비교	예각삼각형 / 둔각삼각형	소수 세 자리 수
100, 1000, 10000, 몇백, 몇천의 곱	덧셈, 뺄셈 또는 곱셈, 나눗셈이 섞여 있는 혼합	소수 사이의 관계
(세,네 자리 수)×(두 자리 수)	계산	소수의 크기 비교
세 수의 곱셈 / 몇십으로 나누기	덧셈, 뺄셈, 곱셈, 나눗셈이 섞여 있는 혼합 계산	규칙을 찾아 수로 나타내기
(두,세 자리 수)÷(두 자리 수)	( ), { }가 있는 혼합 계산	규칙을 찾아 글로 나타내기
각의 크기 / 각 그리기 / 각도의 합과 차	분수와 진분수 / 가분수와 대분수	새로운 무늬 만들기
삼각형의 세 각의 크기의 합	대분수를 가분수로, 가분수를 대분수로 나타내기	
사각형의 네 각의 크기의 합	분모가 같은 분수의 크기 비교	

H - ❹ 교재	H - ❺ 교재	H - ❻ 교재
분모가 같은 진분수의 덧셈	사다리꼴 / 평행사변형 / 마름모	꺾은선그래프
분모가 같은 대분수의 덧셈	직사각형과 정사각형의 성질	꺾은선그래프 그리기
분모가 같은 진분수의 뺄셈	다각형과 정다각형 / 대각선	물결선을 사용한 꺾은선그래프
분모가 같은 대분수의 뺄셈	여러 가지 모양 만들기	물결선을 사용한 꺾은선그래프 그리기
분모가 같은 대분수와 진분수의 덧셈과 뺄셈	여러 가지 모양으로 덮기	알맞은 그래프로 나타내기
소수의 덧셈 / 소수의 뺄셈	직사각형과 정사각형의 둘레	꺾은선그래프의 활용
수직과 수선 / 수선 긋기	1cm² / 직사각형과 정사각형의 넓이	두 수 사이의 관계
평행선 / 평행선 긋기	여러 가지 도형의 넓이	두 수 사이의 관계를 식으로 나타내기
평행선 사이의 거리	이상과 이하 / 초과와 미만 / 수의 범위	문제를 해결하고 풀이 과정을 설명하기
	올림과 버림 / 반올림 / 어림의 활용	

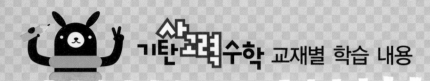

단계 교재

I - ❶ 교재	I - ❷ 교재	I - ❸ 교재
약수 / 배수 / 배수와 약수의 관계 공약수와 최대공약수 공배수와 최소공배수 크기가 같은 분수 알기 크기가 같은 분수 만들기 분수의 약분 / 분수의 통분 분수의 크기 비교 / 진분수의 덧셈 대분수의 덧셈 / 진분수의 뺄셈 대분수의 뺄셈 / 세 분수의 덧셈과 뺄셈	세 분수의 덧셈과 뺄셈 (진분수)×(자연수) / (대분수)×(자연수) (자연수)×(진분수) / (자연수)×(대분수) (단위분수)×(단위분수) (진분수)×(진분수) / (대분수)×(대분수) 세 분수의 곱셈 / 합동인 도형의 성질 합동인 삼각형 그리기 면, 모서리, 꼭짓점 직육면체와 정육면체 직육면체의 성질 / 겨냥도 / 전개도	평행사변형의 넓이 삼각형의 넓이 사다리꼴의 넓이 마름모의 넓이 넓이의 단위 m^2, a 넓이의 단위 ha, km^2 넓이의 단위 관계 무게의 단위
I - ❹ 교재	**I - ❺ 교재**	**I - ❻ 교재**
분수와 소수의 관계 분수를 소수로, 소수를 분수로 나타내기 분수와 소수의 크기 비교 1÷(자연수)를 곱셈으로 나타내기 (자연수)÷(자연수)를 곱셈으로 나타내기 (진분수)÷(자연수) / (가분수)÷(자연수) (대분수)÷(자연수) 분수와 자연수의 혼합 계산 선대칭도형/선대칭의 위치에 있는 도형 점대칭도형/점대칭의 위치에 있는 도형	(소수)×(자연수) / (자연수)×(소수) 곱의 소수점의 위치 (소수)×(소수) 소수의 곱셈 (소수)÷(자연수) (자연수)÷(자연수) 줄기와 잎 그림 그림그래프 평균 자료를 그래프로 나타내고 설명하기	두 수의 크기 비교 비율 백분율 할푼리 실제로 해 보기와 표 만들기 그림 그리기와 식 만들기 예상하고 확인하기와 표 만들기 실제로 해 보기와 규칙 찾기

단계 교재

J - ❶ 교재	J - ❷ 교재	J - ❸ 교재
(자연수)÷(단위분수) 분모가 같은 진분수끼리의 나눗셈 분모가 다른 진분수끼리의 나눗셈 (자연수)÷(진분수) / 대분수의 나눗셈 분수의 나눗셈 활용하기 소수의 나눗셈 / (자연수)÷(소수) 소수의 나눗셈에서 나머지 반올림한 몫 입체도형과 각기둥 / 각뿔 각기둥의 전개도 / 각뿔의 전개도	쌓기나무의 개수 쌓기나무의 각 자리, 각 층별로 나누어 개수 구하기 규칙 찾기 쌓기나무로 만든 것, 여러 가지 입체도형, 여러 가지 생활 속 건축물의 위, 앞, 옆 에서 본 모양 원주와 원주율 / 원의 넓이 띠그래프 알기 / 띠그래프 그리기 원그래프 알기 / 원그래프 그리기	비례식 비의 성질 가장 작은 자연수의 비로 나타내기 비례식의 성질 비례식의 활용 연비 두 비의 관계를 연비로 나타내기 연비의 성질 비례배분 연비로 비례배분
J - ❹ 교재	**J - ❺ 교재**	**J - ❻ 교재**
(소수)÷(분수) / (분수)÷(소수) 분수와 소수의 혼합 계산 원기둥 / 원기둥의 전개도 원뿔 회전체 / 회전체의 단면 직육면체와 정육면체의 겉넓이 부피의 비교 / 부피의 단위 직육면체와 정육면체의 부피 부피의 큰 단위 부피와 들이 사이의 관계	원기둥의 겉넓이 원기둥의 부피 경우의 수 순서가 있는 경우의 수 여러 가지 경우의 수 확률 미지수를 x로 나타내기 등식 알기 / 방정식 알기 등식의 성질을 이용하여 방정식 풀기 방정식의 활용	두 수 사이의 대응 관계 / 정비례 정비례를 활용하여 생활 문제 해결하기 반비례 반비례를 활용하여 생활 문제 해결하기 그림을 그리거나 식을 세워 문제 해결하기 거꾸로 생각하거나 식을 세워 문제 해결하기 표를 작성하거나 예상과 확인을 통하여 문제 해결하기 여러 가지 방법으로 문제 해결하기 새로운 문제를 만들어 풀어 보기

사고력도 탄탄! 창의력도 탄탄!

기탄사고력수학

F1

F1a ~ F15b

학습 관리표

학습 내용		이번 주는?
세 자리 수	· 백(100)과 몇 백(200, 300, …)의 개념 이해 · 세 자리 수의 이해 · 뛰어 세기의 이해 · 세 자리 수의 크기 비교 · 창의력 학습 · 경시 대회 예상 문제	· 학습 방법 : ① 매일매일　② 가끔　③ 한꺼번에 　하였습니다. · 학습 태도 : ① 스스로 잘　② 시켜서 억지로 　하였습니다. · 학습 흥미 : ① 재미있게　② 싫증내며 　하였습니다. · 교재 내용 : ① 적합하다고 ② 어렵다고　③ 쉽다고 　하였습니다.
지도 교사가 부모님께		**부모님이 지도 교사께**
평가	Ⓐ 아주 잘함　　　Ⓑ 잘함　　　Ⓒ 보통　　　Ⓓ 부족함	

원(교)　　　　반　이름　　　　　전화

기초부터 탄탄하게
Ｇ 기탄교육
www.gitan.co.kr / (02)586-1007(대)

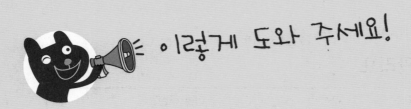

이렇게 도와 주세요!

● **학습 목표**
– 백(100)과 몇 백(200, 300, …)의 개념을 이해할 수 있다.
– 세 자리 수에서 각각의 자리 숫자와 자릿수가 무엇인지 안다.
– 수의 배열을 알고 뛰어 세기를 할 수 있다.
– 세 자리 수의 크기를 비교할 수 있다.

● **지도 내용**
– 여러 가지 방법을 이용하여 백(100)의 개념을 알도록 한다.
– 200, 300, 400, …등의 몇 백의 개념을 알도록 한다.
– 백의 자리 숫자, 십의 자리 숫자, 일의 자리 숫자, 백의 자리 수, 십의 자리 수, 일의
  자리 수의 개념을 알도록 한다.
– 수의 배열을 알고 뛰어 세기를 할 수 있도록 한다.
– 세 자리 수의 크기를 확실히 구별할 수 있도록 한다.

● **지도 요점**
백(100)의 개념은 여러 가지 방법으로 학습시키는 것이 중요합니다. 예를 들어 99보
다 1 큰 수 또는 90보다 10 큰 수 등을 이용하는 것이 좋습니다.
뛰어 세기를 학습할 때에는 수 배열표나 수직선 등을 이용하여 규칙을 찾을 수 있도
록 합니다.
세 자리 수의 크기를 학습시킬 때에는 주어진 수에서 1 큰 수, 10 큰 수, 100 큰 수를
인지시켜 어린이가 자연스럽게 알도록 합니다.

♣ 이름 :

♣ 날짜 :

♣ 시간 :　　시　　분 ~　　시　　분

확인

🐸 다음은 어떤 수입니까? ☐ 안에 써 보시오.(1~4)

1. 99보다 1 큰 수 : ☐

2. 90보다 10 큰 수 : ☐

3. 10씩 10번 센 수 : ☐

4. 1씩 100번 센 수 : ☐

🐸 다음 두 수의 크기를 비교하여 ◯ 안에 >, =, <를 알맞게 써넣으시오.(5~8)

5. 80보다 20 큰 수 ◯ 70보다 20 큰 수

6. 99 다음의 수 ◯ 99보다 1 큰 수

7. 10씩 9번 센 수 ◯ 10씩 10번 센 수

8. 100이 3인 수 ◯ 100이 6인 수

🐸 다음을 수로 나타내어 보시오.(9~12)

9. 팔백 : ☐

10. 구백 : ☐

11. 사백 : ☐

12. 백 : ☐

사고력 학습

F-1b

13. 10원짜리 동전이 1개이면 얼마입니까?   [답] _____

14. 10원짜리 동전이 5개이면 얼마입니까?   [답] _____

15. 10원짜리 동전이 10개이면 얼마입니까?   [답] _____

16. 100은 [＿＿＿] 이라고 읽습니다.

17. 100은 99보다 [＿＿＿] 큰 수입니다.

18. 100은 90보다 [＿＿＿] 큰 수입니다.

19. 100이 2이면 [＿＿＿] 입니다.

20. 300은 [＿＿＿] 이라고 읽습니다.

21. 900은 100이 [＿＿＿] 인 수입니다.

 사고력 학습

✿ 이름 :

✿ 날짜 :

✿ 시간 : 　시　　분 ~　　시　　분

확인

🐸 다음 ☐ 안에 알맞은 수를 써넣으시오.(1~4)

1. 10은 7보다 ☐ 큰 수입니다.

2. 100은 70보다 ☐ 큰 수입니다.

3. 10이 5이면 ☐ 입니다.

4. 100이 5이면 ☐ 입니다.

🐸 다음 수를 읽어 보시오.(5~8)

5. 300 : ☐

6. 500 : ☐

7. 700 : ☐

8. 800 : ☐

9. 100원짜리 동전이 9개이면 얼마입니까?

[답]

사고력 학습

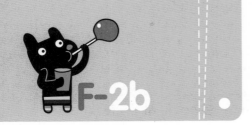

👻 다음 수를 쓰시오.(10~13)

10. 100이 7, 10이 4, 1이 6인 수   [답] _____

11. 100이 5, 10이 9, 1이 9인 수   [답] _____

12. 100이 4, 10이 3, 1이 7인 수   [답] _____

13. 100이 1, 10이 8, 1이 2인 수   [답] _____

👻 다음 ☐ 안에 알맞은 수를 써넣으시오.(14~17)

14.
100이 2
10이 3 ⎫ 이면 ☐
1이 4

15.
100이 1
10이 0 ⎫ 이면 ☐
1이 9

16.
100이 5
10이 7 ⎫ 이면 ☐
1이 0

17.
100이 9
10이 8 ⎫ 이면 ☐
1이 7

🚗 사고력 학습

✿ 이름 :

✿ 날짜 :

✿ 시간 :　　시　　분 ～　　시　　분

확인

🐸 수 579에 대하여 다음 ☐ 안에 알맞은 숫자나 수를 쓰시오.(1~6)

1. 백의 자리 숫자 : ☐

2. 백의 자리 수 : ☐

3. 십의 자리 숫자 : ☐

4. 십의 자리 수 : ☐

5. 일의 자리 숫자 : ☐

6. 일의 자리 수 : ☐

🐸 다음 빈 곳에 알맞은 숫자 또는 수를 쓰시오.(7~8)

7.

백의 자리	십의 자리	일의 자리		수
7	5	3		
	4		→	942
8		1		801
		0		560

8.

백의 자리	십의 자리	일의 자리		수
8	2	6		
8	0	0	→	

F-3b

😀 다음 ☐ 안에 알맞은 수를 써넣으시오.(9~12)

9. 456은
- 100이 ☐
- 10이 ☐
- 1이 ☐

10. 207은
- 100이 ☐
- 10이 ☐
- 1이 ☐

11. 530은
- 100이 ☐
- 10이 ☐
- 1이 ☐

12. 600은
- 100이 ☐
- 10이 ☐
- 1이 ☐

😀 뛰어서 세어 보시오.(13~17)

13. 98 – 99 – ☐ – ☐ – 102 – ☐ – ☐

14. 498 – 499 – ☐ – ☐ – 502 – 503 – ☐

15. 150 – ☐ – 250 – 300 – ☐ – ☐ – 450

16. 780 – 790 – ☐ – 810 – ☐ – ☐ – 840

17. 255 – ☐ – 455 – 555 – ☐ – ☐ – 855

사고력 학습

F-4a

★ 이름 :

★ 날짜 :

★ 시간 :   시   분 ~   시   분

확인

🐸 다음은 뛰어 세기를 한 것입니다. ☐ 안에 알맞은 수를 써넣으시오.(1~3)

1. 300 — 400 — ☐ — ☐ — 700 — ☐

2. 440 — ☐ — 640 — 740 — ☐ — 940

3. 995 — 996 — ☐ — ☐ — 999 — 1000

🐸 다음 두 수의 크기를 비교하여 ○ 안에 >, <를 알맞게 써넣으시오.(4~7)

4. 645 ◯ 652   5. 789 ◯ 801

6. 712 ◯ 699   7. 405 ◯ 450

🐸 다음은 어떤 수입니까? ☐ 안에 써 보시오.(8~11)

8. 99 다음의 수 : ☐   9. 999 다음의 수 : ☐

10. 99보다 I 큰 수 : ☐   11. 999보다 I 큰 수 : ☐

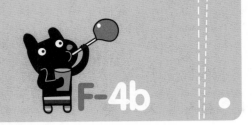

F-4b

👻 다음 수보다 1 큰 수를 쓰시오.(12~15)

12. 168 - [　　　]　　　　**13.** 400 - [　　　]

14. 709 - [　　　]　　　　**15.** 899 - [　　　]

👻 다음 수보다 1 작은 수를 쓰시오.(16~19)

16. [　　　] - 325　　　　**17.** [　　　] - 560

18. [　　　] - 800　　　　**19.** [　　　] - 470

👻 두 수 사이의 수를 쓰시오.(20~23)

20. 189 - [　　　] - 191　　　**21.** 399 - [　　　] - 401

22. 700 - [　　　] - 702　　　**23.** 469 - [　　　] - 471

🚗 사고력 학습

★ 이름 :

★ 날짜 :

★ 시간 :   시   분 ~   시   분

확인

 다음 수를 쓰시오.(1~3)

1. 백의 자리 숫자가 7, 십의 자리 숫자가 5, 일의 자리 숫자가 3인 수

[답]

2. 백의 자리 숫자가 5, 십의 자리 숫자가 0, 일의 자리 숫자가 1인 수

[답]

3. 백의 자리 숫자가 9, 십의 자리 숫자가 2, 일의 자리 숫자가 0인 수

[답]

😊 다음을 가장 큰 수부터 차례로 쓰시오.(4~5)

4.

600, 400, 800, 100, 900

[답]

5.

872, 582, 701, 309, 610

[답]

6. 숫자 1, 5, 7을 한 번씩만 써서 가장 큰 수와 가장 작은 수를 각각 만드시오.

가장 큰 수 : ☐, 가장 작은 수 : ☐

7. 구슬이 한 상자에 10개씩 들어 있습니다. 30상자에는 구슬이 모두 몇 개 들어 있습니까?

[답]

8. 주머니 속에 100원짜리 동전이 7개, 10원짜리 동전이 2개, 1원짜리 동전이 9개 있습니다. 주머니 속에 있는 돈은 모두 얼마입니까?

[답]

9. 백의 자리 숫자가 7인 수 중에서 705보다 작은 수를 모두 쓰시오.

[답]

★ 이름 :

★ 날짜 :

★ 시간 :　시　분 ~　시　분

확인

🐸 다음 □ 안에 알맞은 수를 써넣으시오.(1~4)

1. 456보다

1 큰 수는	☐
10 큰 수는	☐
100 큰 수는	☐

입니다.

2. 709보다

1 큰 수는	☐
10 큰 수는	☐
100 큰 수는	☐

입니다.

3. 599보다

1 큰 수는	☐
10 큰 수는	☐
100 큰 수는	☐

입니다.

4. 375보다

5 큰 수는	☐
30 큰 수는	☐
200 큰 수는	☐

입니다.

사고력 학습

5. 관계있는 것끼리 선으로 이으시오.

사백삼십칠 •   • 604

백오십   •   • 519

육백사   •   • 437

오백십구 •   • 150

6. 다음 □ 안에 들어갈 수 있는 숫자에 모두 ◯표 하시오.

$$874 > 8\boxed{}2$$

(4, 5, 6, 7, 8, 9)

다음을 >, <를 사용하여 나타내시오.(7~8)

7. 590은 581보다 큽니다. [답]

8. 780은 901보다 작습니다. [답]

사고력 학습

🌸 이름 :

🌸 날짜 :

🌸 시간 : 시 분 ~ 시 분

확인

🐸 다음 두 수의 크기를 비교하여 ○ 안에 >, <를 알맞게 써넣으시오.(1~6)

1. 501 ◯ 389

2. 423 ◯ 602

3. 483 ◯ 699

4. 710 ◯ 180

5. 789 ◯ 689

6. 802 ◯ 820

🐸 다음을 >, <를 사용하여 나타내시오.(7~9)

7. 516은 156보다 큽니다.   [답]

8. 608은 806보다 작습니다.   [답]

9. 199는 200보다 작습니다.   [답]

🐸 다음을 읽어 보시오.(10~11)

10. 908 > 423   [답]

11. 619 < 916   [답]

사고력 학습

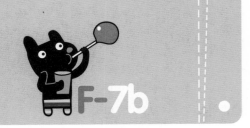

F-7b

다음 수보다 1 작은 수와 1 큰 수를 쓰시오.(12~17)

12. | 1 작은 수 | – 589 – | 1 큰 수 |

13. | 1 작은 수 | – 700 – | 1 큰 수 |

14. ☐ – 201 – ☐

15. ☐ – 480 – ☐

16. ☐ – 399 – ☐

17. ☐ – 909 – ☐

18. 백의 자리 숫자가 9인 수 중에서 905보다 작은 수를 모두 쓰시오.

[답]

19. 798보다 크고 802보다 작은 수를 모두 쓰시오.

[답]

20. 백의 자리 숫자가 6이고, 일의 자리 숫자가 4인 세 자리 수 중에서 653보다 작은 수를 모두 쓰시오.

[답]

 사고력 학습

✿ 이름 :

✿ 날짜 :

✿ 시간 :   시   분 ~   시   분

확인

1. 백의 자리 숫자가 6인 수에 모두 ◯표 하시오.

567, 608, 766, 699, 706, 610

2. 50씩 뛰어 세기를 하시오.

405 – 455 – ☐ – ☐ – 605 – ☐

3. 다음 3장의 숫자 카드를 한 번씩만 사용하여 만들 수 있는 세 자리 수를 모두 쓰시오.

5   0   8

[답] _____

4. 다음은 뛰어 세기한 것입니다. ☐ 안에 알맞은 수를 써넣으시오.

695 – ☐ – 705 – 710 – ☐ – ☐ – 725

사고력 학습

5. 698보다 크고 705보다 작은 수를 모두 쓰시오.

[답]

🐭 □는 숫자가 지워져서 보이지 않는 것입니다. 다음 물음에 답하시오.(6~7)

| ㉮ I□7 | ㉯ 24□ | ㉰ I99 | ㉱ 4□6 | ㉲ 35□ |

6. ㉮~㉲ 중에서 어떤 수가 가장 큽니까?

[답]

7. ㉮~㉲ 중에서 어떤 수가 가장 작습니까?

[답]

8. 백의 자리 숫자가 4인 세 자리 수 중에서 가장 큰 수는 얼마입니까?

[답]

9. 십의 자리 숫자가 9인 세 자리 수 중에서 가장 작은 수는 얼마입니까?

[답]

🐸 이름 :
🐸 날짜 :
🐸 시간 :   시   분 ~   시   분

확인

🐸 다음 □ 안에 알맞은 수를 써넣으시오.(1~4)

1. 10개씩 3묶음과 낱개가 6개이면 □ 입니다.

2. 79는 10이 □ , 1이 □ 인 수입니다.

3. 한 상자에 100개씩 들어 있는 바둑돌 6상자는 모두 □ 개입니다.

4. 100이 7이고, 1이 10이면 □ 입니다.

🐸 다음 수보다 1 작은 수와 1 큰 수를 쓰시오.(5~8)

5. 1 작은 수 □ — 501 — 1 큰 수 □   6. 1 작은 수 □ — 700 — 1 큰 수 □

7. □ — 810 — □   8. □ — 499 — □

🐸 뛰어서 세어 보시오.(9~10)

9. □ 880 890 □ □ 920 □

10. □ 895 □ 905 910 □ □

11. 백의 자리 숫자가 7이고, 일의 자리 숫자가 4인 세 자리 수 중에서 753보다 작은 수를 모두 쓰시오.

[답]

12. 100이 3, 10이 6, 1이 10이면 얼마입니까?

[답]

13. 100이 7, 10이 10, 1이 3이면 얼마입니까?

[답]

14. 100이 5, 10이 25, 1이 45이면 얼마입니까?

[답]

15. 100이 6, 10이 20, 1이 100이면 얼마입니까?

[답]

 사고력 학습

✿ 이름 :

✿ 날짜 :

✿ 시간 :　　시　　분 ~ 　　시　　분

확인

🐸 다음 수 중에서 가장 큰 수에 ○표, 가장 작은 수에 △표 하시오.(1~4)

1. (　　39　　　　50　　　　60　　　　46　　　　70　　)

2. (　　405　　　617　　　504　　　367　　　678　　)

3. (　　987　　　588　　　709　　　610　　　770　　)

4. (　　807　　　605　　　208　　　409　　　507　　)

🐸 다음 수를 읽어 보시오.(5~8)

5. 556 — 　　　　　

6. 705 — 　　　　　

7. 820 — 　　　　　

8. 310 — 　　　　　

🐸 다음을 수로 나타내어 보시오.(9~12)

9. 백십 : 　　　　　

10. 구백오십사 : 　　　　　

11. 삼백일흔셋 : 　　　　　

12. 팔백여든둘 : 　　　　　

사고력 학습

13. 관계있는 것끼리 선으로 이으시오.

457 •

760 •

189 •

375 •

441 •

• 백여든아홉

• 사백쉰일곱

• 칠백예순

• 사백마흔하나

• 삼백일흔다섯

14. 관계있는 것끼리 선으로 이으시오.

500 •

700 •

800 •

900 •

200 •

• 799보다 1 큰 수

• 100이 9인 수

• 10이 50인 수

• 690보다 10 큰 수

• 210보다 10 작은 수

사고력 학습

★ 이름 :

★ 날짜 :

★ 시간 :　　시　　분 ~ 　　시　　분

확인

🐸 다음 수보다 10 작은 수와 10 큰 수를 쓰시오.(1~4)

　　　　10 작은 수　　　　　　　　10 큰 수

1. [　　] − 100 − [　　]

　　　　10 작은 수　　　　　　　　10 큰 수

2. [　　] − 409 − [　　]

3. [　　] − 590 − [　　]

4. [　　] − 705 − [　　]

🐸 다음 수보다 50 작은 수와 50 큰 수를 쓰시오.(5~8)

　　　　50 작은 수　　　　　　　　50 큰 수

5. [　　] − 455 − [　　]

　　　　50 작은 수　　　　　　　　50 큰 수

6. [　　] − 705 − [　　]

7. [　　] − 280 − [　　]

8. [　　] − 346 − [　　]

🐸 다음 수보다 100 작은 수와 100 큰 수를 쓰시오.(9~12)

　　　　100 작은 수　　　　　　　　100 큰 수

9. [　　] − 199 − [　　]

　　　　100 작은 수　　　　　　　　100 큰 수

10. [　　] − 450 − [　　]

11. [　　] − 235 − [　　]

12. [　　] − 899 − [　　]

사고력 학습

13. I에서 9까지의 숫자가 적혀 있는 9장의 숫자 카드가 있습니다. 이 중에서 3장을 골라 세 자리 수를 만들 때, 두 번째로 큰 수를 쓰시오.

[답] _____

14. 달걀이 10개씩 50줄 있습니다. 달걀은 모두 몇 개입니까?

[답] _____

15. 100장씩 묶여 있는 색종이가 6묶음, 10장씩 묶여 있는 색종이가 5묶음, 낱개로 25장 있습니다. 색종이는 모두 몇 장입니까?

[답] _____

16. 다음 5장의 숫자 카드를 한 번씩만 사용하여 세 자리 수를 만들 때, 백의 자리 숫자가 8인 수 중에서 가장 큰 수와 가장 작은 수를 각각 쓰시오.

| 8 | 2 | 0 | 3 | 4 |

가장 큰 수 : [ ] , 　　　　가장 작은 수 : [ ]

✿ 이름 :

✿ 날짜 :

✿ 시간 :　　시　　분 ~　시　　분

확인

🐸 색종이를 한 묶음에 100장씩 묶었습니다. 다음 물음에 답하시오.(1~3)

1. 색종이가 3묶음이면 몇 장입니까?

[답]

2. 색종이가 600장이면 몇 묶음입니까?

[답]

3. 색종이가 5묶음이고 낱장으로 120장이면, 모두 몇 장입니까?

[답]

🐸 다음 (　　) 안에 알맞은 수를 써넣으시오.(4~5)

4. 10이 90이면 (　　　　)입니다.

5. 870은 100이 (　　　), 10이 (　　　), 1이 (　　　)인 수입니다.

6. 다음 ☐ 안에 알맞은 수를 써넣으시오.

$$
\left.\begin{array}{r} 100이\ 7 \\ 10이\ 5 \\ 1이\ 6 \end{array}\right\} 이면\ \boxed{}
$$

사고력 학습

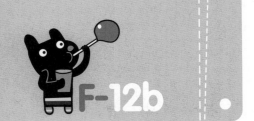

👻 다음은 뛰어 세기한 것입니다. ☐ 안에 알맞은 수를 써넣으시오.(7~9)

7. 560 - 660 - ☐ - ☐ - 960

8. 742 - ☐ - ☐ - 772 - ☐

9. 896 - ☐ - 898 - 899 - ☐

👻 다음을 읽어 보시오.(10~11)

10. 578 > 509 : _____

11. 305 < 456 : _____

12. 348보다 크고 352보다 작은 수를 모두 쓰시오.

[답] _____

🚗 사고력 학습

✿ 이름 :

✿ 날짜 :

✿ 시간 :   시   분 ~   시   분

확인

🌑 창의력 학습

민지네 반 아이들은 버스를 타고 소풍을 떠나려고 합니다. 2대의 버스에 아이들이 나눠 타고 출발하려고 하는데 문제가 생겼습니다. □ 안에 알맞은 수를 넣어야만 버스가 출발할 수 있다고 합니다. 버스가 빨리 출발할 수 있도록 □ 안에 알맞은 수를 써넣어 보시오.

창의력 학습

F-13b

귀여운 원숭이 3마리가 숫자 카드를 들고 있습니다. 이 숫자 카드를 나란히 놓아서 가장 큰 수와 가장 작은 수를 나뭇잎 그림에서 찾아보시오. 그리고 가장 큰 수보다 10 작은 수를, 가장 작은 수보다 10 큰 수를 찾아가 보시오.

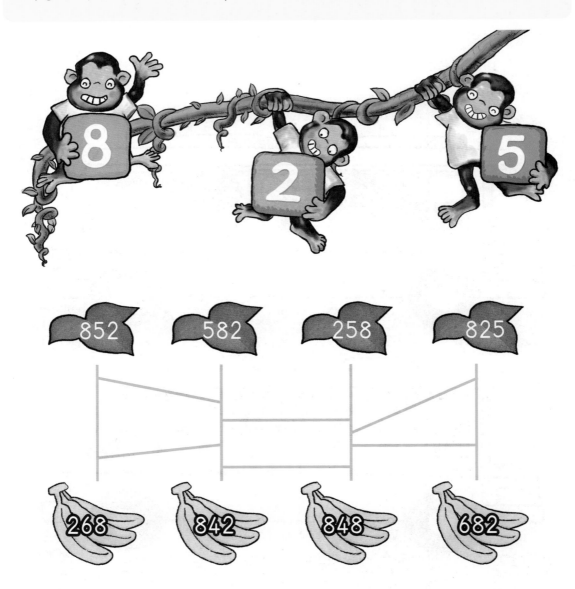

 창의력 학습

F-14a

✿ 이름 :

✿ 날짜 :

✿ 시간 : 시 분 ~ 시 분

확인

 경시 대회 예상 문제

1. 관계있는 것끼리 선으로 이으시오.

100이 7 •   • 300 •   • 칠백

100이 5 •   • 500 •   • 삼백

100이 3 •   • 700 •   • 오백

2. 다음 빈 곳에 알맞은 수를 써넣으시오.

백의 자리	십의 자리	일의 자리		수
	7		→	576
		5		905

3. 다음은 어떤 수입니까?

10이 60인 수
590보다 10 큰 수
599보다 1 큰 수

→

경시 대회 예상 문제

4. 색칠한 곳에 알맞은 수를 써넣으시오.

		64			67				
						78			
			85						91

5. 100이 5, 10이 35, 1이 15이면 얼마입니까?

[답]

6. 백의 자리 숫자와 일의 자리 숫자가 각각 9인 수 중에서 999보다 작은 수는 모두 몇 개입니까?

[답]

7. 다음 3장의 숫자 카드를 한 번씩만 사용하여 만들 수 있는 세 자리 수는 모두 몇 개입니까?

2	4	6

[답]

 경시 대회 예상 문제

8. 다음 3장의 숫자 카드를 한 번씩만 사용하여 만들 수 있는 세 자리 수 중에서 가장 큰 수와 가장 작은 수를 각각 구하시오.

가장 큰 수 : [   ] ,   가장 작은 수 : [   ]

9. 다음 수 중에서 10이 60이고 1이 5인 수보다 큰 수를 모두 찾아 ◯표 하시오.

650, 560, 506, 606, 612, 604

10. 다음 수에서 숫자 8이 나타내는 수의 크기는 얼마입니까?

(1) 807 : [   ]   (2) 480 : [   ]   (3) 798 : [   ]

11. 다음은 뛰어 세기를 한 것입니다. 빈 곳에 알맞은 수를 써넣으시오.

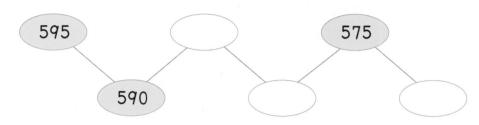

12. 다음 □ 안에 들어갈 수 있는 숫자에 모두 ○표 하시오.

(1) □89 < 543 (2, 3, 4, 5, 6, 7)

(2) 742 < □10 (4, 5, 6, 7, 8, 9)

(3) 6□8 > 681 (0, 4, 5, 7, 8, 9)

13. 세 자리 수 중에서 가장 큰 수와 가장 작은 수의 차는 얼마입니까?

[답]

사고력도 탄탄! 창의력도 탄탄!

기탄 고력수학

F1

F16a ~ F30b

학습 관리표

학습 내용		이번 주는?
덧셈과 뺄셈 (1)	· 받아올림이 있는 (두 자리 수)+(한 자리 수)의 계산 · 받아내림이 있는 (두 자리 수)−(한 자리 수)의 계산 · 세 수의 덧셈과 뺄셈 · 창의력 학습 · 경시 대회 예상 문제	• 학습 방법 : ① 매일매일 ② 가끔 ③ 한꺼번에 하였습니다. • 학습 태도 : ① 스스로 잘 ② 시켜서 억지로 하였습니다. • 학습 흥미 : ① 재미있게 ② 싫증내며 하였습니다. • 교재 내용 : ① 적합하다고 ② 어렵다고 ③ 쉽다고 하였습니다.

지도 교사가 부모님께	부모님이 지도 교사께

평가	Ⓐ 아주 잘함	Ⓑ 잘함	Ⓒ 보통	Ⓓ 부족함

원(교)   반   이름   전화

기초부터 탄탄하게
G 기탄교육
www.gitan.co.kr / (02)586-1007(대)

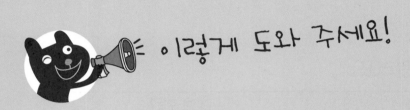

이렇게 도와 주세요!

● 학습 목표
– 받아올림이 있는 (두 자리 수)+(한 자리 수)의 계산을 할 수 있다.
– 받아내림이 있는 (두 자리 수)−(한 자리 수)의 계산을 할 수 있다.
– 세 수의 덧셈과 뺄셈을 할 수 있다.

● 지도 내용
– 받아올림이 있는 (두 자리 수)+(한 자리 수)의 계산 문제를 많이 풀어 보도록 한다.
– 받아내림이 있는 (두 자리 수)−(한 자리 수)의 계산 문제를 많이 풀어 보도록 한다.
– 세 수의 덧셈과 뺄셈 문제를 많이 풀어 보도록 한다.

● 지도 요점
받아올림이 있는 (두 자리 수)+(한 자리 수)의 계산 문제와 받아내림이 있는 (두 자리 수)−(한 자리 수)의 계산 문제를 풀 때에는 십 모형과 낱개 모형을 이용하여 설명해 주는 것이 좋습니다.
덧셈의 경우에는 낱개 모형 10개가 모이면 십 모형 1개가 된다는 사실을 먼저 인지시 켜 주시고, 뺄셈의 경우에는 낱개 모형이 모자랄 때 십 모형에서 10을 빌려 올 수 있 음을 알려 주십시오. 또한 세로셈을 할 때에는 받아올림한 수와 받아내림한 수를 반 드시 쓰도록 해 주시고, 일의 자리를 먼저 계산한 다음에 십의 자리를 계산한다는 것 을 알려 주십시오.
또한 문제해결력 학습을 통해 덧셈과 뺄셈을 생활 속에 응용할 수 있도록 도와 주십 시오.

★ 이름 :

★ 날짜 :

★ 시간 : 시 분 ~ 시 분

확인

🐸 다음 ☐ 안에 알맞은 수를 써넣으시오.(1~3)

1. 37+5 = ☐

```
    3 7
  +   5
─────────
    1 2  ·········· ( ☐ + ☐ )
    3 0  ·········· ( ☐ + 0 )
─────────
    4 2  ·········· ( 12 + ☐ )
```

2. 48+6 = ☐

```
    4 8
  +   6
─────────
    1 4  ·········· ( ☐ + ☐ )
    4 0  ·········· ( ☐ + 0 )
─────────
    ☐    ·········· ( ☐ + ☐ )
```

3. 64+9 = ☐

```
    6 4
  +   9
─────────
    ☐    ·········· (4+9)
    ☐    ·········· (60+0)
─────────
    ☐    ·········· (13+60)
```

사고력 학습

F-16b

다음 ☐ 안에 알맞은 수를 써넣으시오.(4~9)

4.
```
    1 7
  +   5
  ┌─────┐
  │     │
  ├─────┤
  │     │
  ├─────┤
  │     │
  └─────┘
```

5.
```
    2 8
  +   7
  ┌─────┐
  │     │
  ├─────┤
  │     │
  ├─────┤
  │     │
  └─────┘
```

6.
```
    3 5
  +   6
  ┌─────┐
  │     │
  ├─────┤
  │     │
  ├─────┤
  │     │
  └─────┘
```

7.
```
    4 4
  +   8
  ┌─────┐
  │     │
  ├─────┤
  │     │
  ├─────┤
  │     │
  └─────┘
```

8.
```
    5 8
  +   8
  ┌─────┐
  │     │
  ├─────┤
  │     │
  ├─────┤
  │     │
  └─────┘
```

9.
```
    6 9
  +   9
  ┌─────┐
  │     │
  ├─────┤
  │     │
  ├─────┤
  │     │
  └─────┘
```

사고력 학습

✿ 이름 :

✿ 날짜 :

✿ 시간 :   시   분 ~   시   분

😊 다음 ☐ 안에 알맞은 수를 써넣으시오.(1~6)

1.
```
    7 8
+     9
─────
```

2.
```
    8 9
+     9
─────
```

3.
```
    6 7
+     7
─────
```

4.
```
    8 8
+     8
─────
```

5.
```
    5 5
+     5
─────
```

6.
```
    6 6
+     6
─────
```

👻 다음은 58+7에 대한 것입니다. ( ) 안에 알맞은 수를 써넣으시오.(7~10)

7. 낱개 모형 8개와 낱개 모형 7개를 더하면, 십 모형 (   )개와 낱개 모형 (   )개가 됩니다.

8. 십 모형 5개와 낱개 모형 합에서 생긴 십 모형 (   )개를 더하면 십 모형은 모두 6개가 됩니다.

9. 그러므로 58+7은 십 모형 (   )개와 낱개 모형 (   )개입니다.

10. 58+7=(   )입니다.

👻 다음은 57+6에 대한 것입니다. ☐ 안에 알맞은 수를 써넣으시오.(11~13)

11. (십 모형 ☐개, 낱개 모형 ☐개) + (낱개 모형 ☐개)

12. 57+6은 십 모형 6개와 낱개 모형 ☐개입니다.

13. 57+6= ☐ 입니다.

사고력 학습

♣ 이름 :

♣ 날짜 :

♣ 시간 :　　시　　분 ~ 　　시　　분

확인

🐸 다음 ☐ 안에 알맞은 수를 써넣으시오.(1~4)

1.
```
   3 7
 +   5
```
→
```
  [1]
  3 7
+   5
  [2]
```
→
```
  [ ]
  3 7
+   5
 [4][ ]
```

2.
```
   4 8
 +   3
```
→
```
  [ ]
  4 8
+   3
  [ ]
```
→
```
  [ ]
  4 8
+   3
 [ ][ ]
```

3.
```
   7 6
 +   5
```
→
```
  [ ]
  7 6
+   5
  [ ]
```
→
```
  [ ]
  7 6
+   5
 [ ][ ]
```

4.
```
   8 5
 +   5
```
→
```
  [ ]
  8 5
+   5
  [ ]
```
→
```
  [ ]
  8 5
+   5
 [ ][ ]
```

사고력 학습

F-18b

😁 다음 계산을 하시오.(5~13)

5.
```
   □
   2 5
 +   5
─────────
```

6.
```
   □
   3 5
 +   5
─────────
```

7.
```
   □
   4 5
 +   5
─────────
```

8.
```
   □
   5 5
 +   5
─────────
```

9.
```
   □
   6 5
 +   5
─────────
```

10.
```
   □
   7 5
 +   5
─────────
```

11.
```
   □
   8 5
 +   5
─────────
```

12.
```
   □
   1 5
 +   5
─────────
```

13.
```
   □
   2 5
 +   6
─────────
```

🚗 사고력 학습

✿ 이름 :

✿ 날짜 :

✿ 시간 :　시　분 ～　시　분

확인

F-19a

😊 다음 ☐ 안에 알맞은 수를 써넣으시오.(1~6)

1. 5 8 + 9 = ☐

17

67

2. 6 7 + 8 = ☐

3. 4 6 + 7 = ☐

4. 3 4 + 6 = ☐

5. 2 9 + 9 = ☐

6. 3 7 + 3 = ☐

사고력 학습

다음 계산을 하시오.(7~16)

7. $18+8=$

8. $24+7=$

9. $35+9=$

10. $44+6=$

11. $55+5=$

12. $67+7=$

13. $78+8=$

14. $88+3=$

15. $92+7=$

16. $29+2=$

사고력 학습

❀ 이름 :

❀ 날짜 :

❀ 시간 :   시   분 ~   시   분

확인

🐸 다음 빈 곳에 알맞은 수를 써넣으시오.(1~6)

1.

십의 자리	일의 자리
5	7
+	4
6	

2.

십의 자리	일의 자리
6	3
+	9

3.

십의 자리	일의 자리
3	7
+	
4	1

4.

십의 자리	일의 자리
7	
+	9
8	5

5.

십의 자리	일의 자리
8	
+	9
9	8

6.

십의 자리	일의 자리
6	3
+	9
7	

사고력 학습

7. 어항에 금붕어가 27마리 있었습니다. 형이 5마리를 더 사다 넣었습니다. 어항에는 금붕어가 모두 몇 마리 있습니까?

[식] _____ [답] _____

8. 아버지의 연세는 36세이고, 큰아버지의 연세는 아버지보다 5세 더 많습니다. 큰아버지의 연세는 몇 세입니까?

[식] _____ [답] _____

9. 주차장에 승용차가 34대 있고, 버스가 8대 있습니다. 주차장에 있는 승용차와 버스는 모두 몇 대입니까?

[식] _____ [답] _____

F-21a

♣ 이름 :

♣ 날짜 :

♣ 시간 : 　시　　분 ~ 　시　　분

확인

🐸 다음 ☐ 안에 알맞은 수를 써넣으시오.(1~3)

1. 47 − 5 = ☐

```
   4 7
 −   5
─────────
     2   ·········· ( 7 − 5 )
   4 0   ·········· ( 40 − 0 )
─────────
   4 2   ·········· ( 2 + 40 )
```

2. 78 − 3 = ☐

```
   7 8
 −   3
─────────
   ☐   ·········· ( ☐ − ☐ )
   ☐   ·········· ( ☐ − 0 )
─────────
   ☐   ·········· ( ☐ + ☐ )
```

3. 29 − 4 = ☐

```
   2 9
 −   4
─────────
   ☐   ·········· ( ☐ − ☐ )
   ☐   ·········· ( ☐ − 0 )
─────────
   ☐   ·········· ( ☐ + ☐ )
```

사고력 학습

F-21b

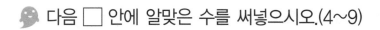

다음 ☐ 안에 알맞은 수를 써넣으시오.(4~9)

4.
```
    3 7
 −    3
```

5.
```
    4 5
 −    2
```

6.
```
    5 6
 −    5
```

7.
```
    6 8
 −    3
```

8.
```
    7 9
 −    2
```

9.
```
    8 4
 −    3
```

사고력 학습

🌸 이름 :

🌸 날짜 :

🌸 시간 : 시 분 ~ 시 분

확인

🐸 다음 ☐ 안에 알맞은 수를 써넣으시오.(1~3)

1. 32-5= ☐

```
    3  2
 -     5
```

7	……… (12 − 5)
2 0	……… (☐ − 0)
2 7	……… (☐ + ☐)

2. 45-8= ☐

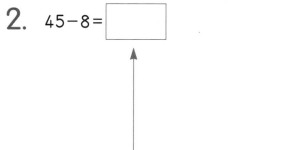

```
    4  5
 -     8
```

☐	……… (☐ − ☐)
☐	……… (☐ − 0)
☐	……… (☐ + ☐)

3. 53-7= ☐

```
    5  3
 -     7
```

☐	……… (☐ − ☐)
☐	……… (☐ − 0)
☐	……… (☐ + ☐)

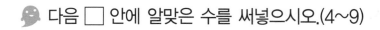 다음 ☐ 안에 알맞은 수를 써넣으시오.(4~9)

4.
```
    2 5
  -   6
```

5.
```
    3 7
  -   9
```

6.
```
    4 6
  -   8
```

7.
```
    5 8
  -   7
```

8.
```
    6 2
  -   5
```

9.
```
    7 1
  -   3
```

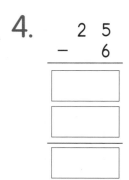 사고력 학습

✿ 이름 :

✿ 날짜 :

✿ 시간 :　　시　　분 ~　　시　　분

확인

🐸 다음 ☐ 안에 알맞은 수를 써넣으시오.(1~6)

1.
```
    3 8
  -   6
```

2.
```
    3 8
  -   9
```

3.
```
    5 6
  -   4
```

4.
```
    5 6
  -   8
```

5.
```
    7 4
  -   2
```

6.
```
    7 4
  -   7
```

👻 다음은 34-9에 대한 것입니다. ☐ 안에 알맞은 수를 써넣으시오.(7~12)

7. 십 모형 3개와 낱개 모형 4개로 나타낸 수 : ☐

8. 낱개 모형 4개에서 9개를 뺄 수 없으므로 십 모형 1개를 낱개 모형 ☐ 개로 바꿉니다.

9. 십 모형은 처음 3개에서 ☐ 개로 되었습니다.

10. 낱개 모형 14개에서 9개를 빼면 ☐ 개가 남습니다.

11. 그러므로 34-9는 십 모형 ☐ 개와 낱개 모형 ☐ 개입니다.

12. 34-9 = ☐ 입니다.

👻 다음은 45-8에 대한 것입니다. ☐ 안에 알맞은 수를 써넣으시오.(13~15)

13. (십 모형 ☐ 개, 낱개 모형 ☐ 개)-(낱개 모형 ☐ 개)

14. 45-8은 십 모형 ☐ 개와 낱개 모형 ☐ 개입니다.

15. 45-8 = ☐ 입니다.

🚗 사고력 학습

✿ 이름 :

✿ 날짜 :

✿ 시간 :   시   분 ~   시   분

확인

🐸 다음 ☐ 안에 알맞은 수를 써넣으시오.(1~4)

1.
```
    5 4
  -   8
```
→
```
  4 10
  5̸ 4
-   8
      6
```
→
```
  ☐ 10
  5̸ 4
-   8
  4   6
```

2.
```
    6 5
  -   7
```
→
```
  ☐ 10
  6̸ 5
-   7
  ☐
```
→
```
  ☐ ☐
  6̸ 5
-   7
  ☐ ☐
```

3.
```
    8 3
  -   8
```
→
```
  ☐ 10
  8̸ 3
-   8
  ☐
```
→
```
  ☐ ☐
  8̸ 3
-   8
  ☐ ☐
```

4.
```
    9 6
  -   9
```
→
```
  ☐ 10
  9̸ 6
-   9
  ☐
```
→
```
  ☐ ☐
  9̸ 6
-   9
  ☐ ☐
```

사고력 학습

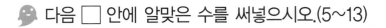

🐧 다음 ☐ 안에 알맞은 수를 써넣으시오.(5~13)

5.
```
  ☐ ☐
  2 8
-   9
  ─────
  ☐
```

6.
```
  ☐ ☐
  3 5
-   6
  ─────
  ☐
```

7.
```
  ☐ ☐
  4 1
-   3
  ─────
  ☐
```

8.
```
  ☐ ☐
  5 5
-   9
  ─────
  ☐
```

9.
```
  ☐ ☐
  6 4
-   7
  ─────
  ☐
```

10.
```
  ☐ ☐
  7 6
-   8
  ─────
  ☐
```

11.
```
  ☐ ☐
  8 8
-   9
  ─────
  ☐
```

12.
```
  ☐ ☐
  9 2
-   4
  ─────
  ☐
```

13.
```
  ☐ ☐
  1 5
-   6
  ─────
  ☐
```

★ 이름 :

★ 날짜 :

★ 시간 :   시   분 ~   시   분

확인

🐸 다음 ☐ 안에 알맞은 수를 써넣으시오.(1~4)

1.
$$\begin{array}{r} 5\ 4 \\ -\ \ 7 \\ \hline \end{array}$$
→
$$\begin{array}{r} 40\ +\ 14 \\ -)\qquad\quad 7 \\ \hline \end{array}$$
$$\boxed{40}\ +\ \boxed{7}$$
→
$$\begin{array}{r} 5\ 4 \\ -\ \ 7 \\ \hline \boxed{} \end{array}$$

2.
$$\begin{array}{r} 7\ 8 \\ -\ \ 9 \\ \hline \end{array}$$
→
$$\begin{array}{r} 60\ +\ 18 \\ -)\qquad\quad 9 \\ \hline \end{array}$$
$$\boxed{}\ +\ \boxed{}$$
→
$$\begin{array}{r} 7\ 8 \\ -\ \ 9 \\ \hline \boxed{} \end{array}$$

3.
$$\begin{array}{r} 6\ 3 \\ -\ \ 5 \\ \hline \end{array}$$
→
$$\begin{array}{r} 50\ +\ 13 \\ -)\qquad\quad 5 \\ \hline \end{array}$$
$$\boxed{}\ +\ \boxed{}$$
→
$$\begin{array}{r} 6\ 3 \\ -\ \ 5 \\ \hline \boxed{} \end{array}$$

4.
$$\begin{array}{r} 3\ 2 \\ -\ \ 8 \\ \hline \end{array}$$
→
$$\begin{array}{r} 20\ +\ 12 \\ -)\qquad\quad 8 \\ \hline \end{array}$$
$$\boxed{}\ +\ \boxed{}$$
→
$$\begin{array}{r} 3\ 2 \\ -\ \ 8 \\ \hline \boxed{} \end{array}$$

사고력 학습

5. 지선이는 빨간 색종이 60장과 파란 색종이 4장을 가지고 있고, 지혜는 지선이보다 8장 더 적게 가지고 있습니다. 지혜가 가지고 있는 색종이는 몇 장입니까?

[식]   [답]

6. 윗몸일으키기를 오빠는 35번 하였고, 동생은 8번 하였습니다. 오빠는 동생보다 윗몸일으키기를 몇 번 더 많이 했습니까?

[식]   [답]

7. 운동장에 남학생은 42명 있고, 여학생은 7명 있습니다. 여학생 수는 남학생 수보다 몇 명 더 적습니까?

[식]   [답]

 문제 해결력 학습

★ 이름 :

★ 날짜 :

★ 시간 :   시   분 ~   시   분

확인

😊 다음 ☐ 안에 알맞은 수를 써넣으시오.(1~4)

1. 6 + 3 + 5 = ☐ 14

9

14

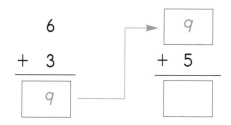

6
+ 3
———
9

→ 9
+ 5
———
☐

2. 16 + 13 + 5 = ☐

29

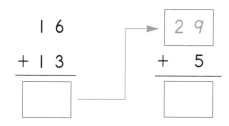

1 6
+ 1 3
———
☐

→ 2 9
+   5
———
☐

3. 7 + 8 + 6 = ☐

15

7
+ 8
———
☐

→ 1 5
+   6
———
☐

4. 17 + 18 + 6 = ☐

35

1 7
+ 1 8
———
☐

→ ☐
+   6
———
☐

👻 다음 ☐ 안에 알맞은 수를 써넣으시오.(5~8)

5. 15 − 8 − 3 = ☐

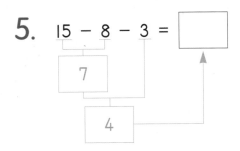

6. 45 − 8 − 3 = ☐

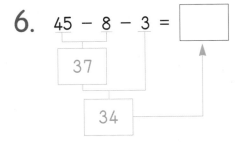

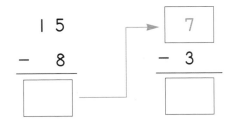

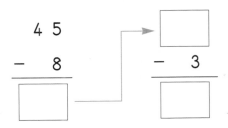

7. 73 − 7 − 9 = ☐

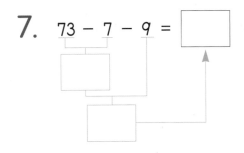

8. 61 − 9 − 3 = ☐

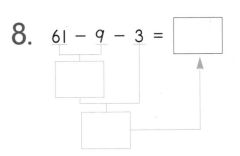

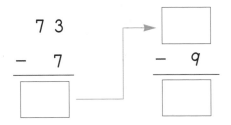

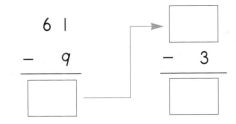

사고력 학습

🌸 이름 :

🌸 날짜 :

🌸 시간 :   시   분 ~   시   분

확인

🐸 다음 ☐ 안에 알맞은 수를 써 넣으시오.(1~6)

1. 24+13+8 = ☐

    37

2. 24+13+8 = ☐

    21

3. 58+27+9 = ☐

4. 43+29+8 = ☐

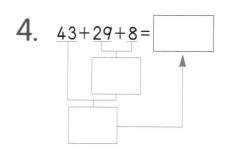

5. 65+25+5 = ☐

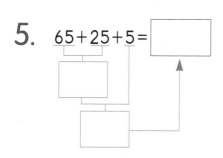

6. 56+29+6 = ☐

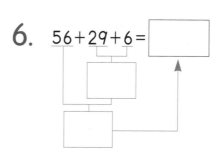

👻 다음 ☐ 안에 알맞은 수를 써넣으시오.(7~12)

7. 45 − 7 − 4 = ☐

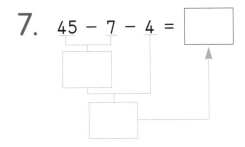

8. 55 − 7 + 8 = ☐

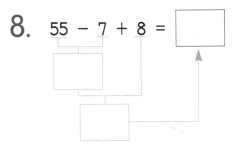

9. 71 − 7 − 9 = ☐

10. 64 − 8 + 7 = ☐

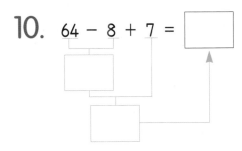

11. 55 − 5 − 2 = ☐

12. 31 − 4 + 5 = ☐

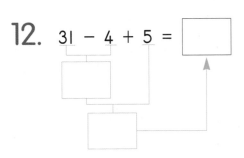

✿ 이름 :

✿ 날짜 :

✿ 시간 :   시   분 ~   시   분

확인

🐸 다음 ☐ 안에 알맞은 수를 써넣으시오.(1~9)

1.
```
    |
    1 4
    2 2
  +   6
  ┌─────┐
  │     │
  └─────┘
```

2.
```
    ☐
    2 3
    5 2
  +   7
  ┌─────┐
  │     │
  └─────┘
```

3.
```
    ☐
    3 5
    4 2
  +   9
  ┌─────┐
  │     │
  └─────┘
```

4.
```
    ☐
    4 5
    1 8
  +   6
  ┌─────┐
  │     │
  └─────┘
```

5.
```
    ☐
    5 6
    2 2
  +   5
  ┌─────┐
  │     │
  └─────┘
```

6.
```
    ☐
    6 7
    1 7
  +   4
  ┌─────┐
  │     │
  └─────┘
```

7.
```
    ☐
    7 5
    1 3
  +   9
  ┌─────┐
  │     │
  └─────┘
```

8.
```
    ☐
    2 6
    3 8
  +   7
  ┌─────┐
  │     │
  └─────┘
```

9.
```
    ☐
    3 4
    4 6
  +   3
  ┌─────┐
  │     │
  └─────┘
```

사고력 학습

F-28b

👻 다음 빈 곳에 두 수의 차를 써넣으시오.(10~12)

10.

72	5

11.

5	57

12.

8	31

👻 다음 빈 곳에 두 수의 합을 써넣으시오.(13~15)

13.

43	8

14.

7	49

15.

5	77

👻 다음 ○ 안에 >, <를 알맞게 써넣으시오.(16~17)

16. 87+8 ◯ 7+84   **17.** 54−8 ◯ 61−9

👻 다음 ☐ 안에 알맞은 수를 써넣으시오.(18~19)

18.

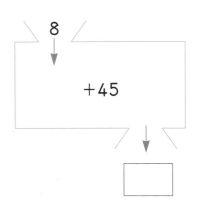

19.

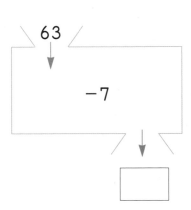

✿ 이름 :

✿ 날짜 :

✿ 시간 :　　시　　분～　　시　　분

창의력 학습

주사위를 굴려서 나올 수 있는 수를 가지고 다음과 같이 덧셈식을 만들었습니다. 같은 수가 중복되지 않도록 하였을 때, 합이 가장 크게 되는 경우와 가장 작게 되는 경우를 각각 구하시오.

합이 가장 크게 되는 경우	합이 가장 작게 되는 경우

창의력 학습

0에서 9까지의 숫자 카드 10장이 줄에 매달려 있습니다. 이 중에서 세 장을 골라 다음과 같이 뺄셈식을 만들 때, 차가 가장 큰 수와 가장 작은 수를 각각 구하시오.

차가 가장 큰 수	차가 가장 작은 수

♣ 이름 :

♣ 날짜 :

♣ 시간 :   시   분 ~   시   분

확인

➕ 경시 대회 예상 문제

1. 다음 ☐ 안에 알맞은 수를 써넣으시오.

(1)
```
    4 7
  +   ☐
  ─────
    5 5
```

(2)
```
    ☐ 7
  +   ☐
  ─────
    7 6
```

(3)
```
    ☐ 5
  +   ☐
  ─────
    6 2
```

2. 다음 수 중에서 합이 **82**가 되는 세 수를 고르시오.

| 25,   64,   8,   55,   49,   39 |

[답] _____

3. 1부터 9까지의 수 중에서 ☐ 안에 들어갈 수 있는 수를 모두 쓰시오.

| 85 − ☐ > 81 |

[답] _____

4. 다음 ☐ 안에 알맞은 수를 써넣으시오.

(1) 63 − ☐ = 55

(2) 33 + ☐ + 8 = 46

5. 다음에서 ☆이 13일 때, □의 값을 구하시오.

$$☆+7=\triangle+☆$$
$$□-\triangle=☆-4$$

[답]

6. 다음 계산이 맞도록 필요 없는 수를 찾아 ✕표 하시오.

$$74-5-7-8=61$$

7. 버스에 34명이 타고 있었습니다. 첫 번째 정류장에서 7명이 내리고, 두 번째 정류장에서 8명이 내렸습니다. 지금 버스 안에는 몇 명이 타고 있습니까?

[식]   [답]

8. 놀이터에 어린이 7명이 있었습니다. 나중에 15명이 더 와서 모두 함께 놀다가 4명이 집으로 갔습니다. 지금 놀이터에는 어린이가 몇 명 있습니까?

[식]   [답]

경시 대회 예상 문제

사고력도 탄탄! 창의력도 탄탄!

기탄사고력수학 F1

F31a ~ F45b

학습 관리표

학습 내용		이번 주는?
여러 가지 모양	· 선분과 직선의 차이 이해 · 사각형, 삼각형, 원 등의 여러 가지 모양 · 쌓은 모양을 보고 똑같이 쌓아 보기 · 쌓기나무로 여러 가지 모양 만들기 · 배열 순서에 따라 규칙 찾아내기 · 창의력 학습 · 경시 대회 예상 문제	· 학습 방법 : ① 매일매일　② 가끔　③ 한꺼번에 　하였습니다. · 학습 태도 : ① 스스로 잘　② 시켜서 억지로 　하였습니다. · 학습 흥미 : ① 재미있게　② 싫증내며 　하였습니다. · 교재 내용 : ① 적합하다고 ② 어렵다고　③ 쉽다고 　하였습니다.
지도 교사가 부모님께		**부모님이 지도 교사께**
평가	Ⓐ 아주 잘함　　　Ⓑ 잘함　　　Ⓒ 보통　　　Ⓓ 부족함	

원(교)　　　　　반　　이름　　　　　　전화

기초부터 탄탄하게
Ⓖ 기탄교육
www.gitan.co.kr / (02)586-1007(대)

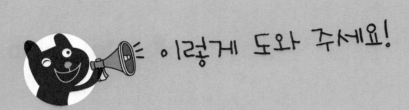

● 학습 목표
– 선분과 직선의 차이를 이해한다.
– 사각형, 삼각형, 원 등의 여러 가지 모양을 안다.
– 쌓기나무로 만들어진 모양을 보고 똑같이 만들 수 있다.
– 쌓기나무를 이용하여 여러 가지 모양을 만들 수 있다.
– 배열 순서에 따라 규칙을 찾아낼 수 있다.

● 지도 내용
– 선분과 직선의 차이점을 정확하게 알고 말해 보도록 한다.
– 사각형, 삼각형, 원 등의 여러 가지 모양을 구분할 수 있도록 한다.
– 사각형, 삼각형의 구성 요소를 알고, 꼭짓점과 변의 수를 구할 수 있도록 한다.
– 그림으로 제시된 모양이나 짝이 쌓은 모양을 보고 쌓기나무로 똑같이 쌓아 보게 한다.
– 주변의 여러 가지 물건을 생각하면서 쌓기나무 3~6개로 여러 가지 모양을 만들게
  한다.
– 여러 가지 모양을 보고 배열 순서에 따라 일정한 규칙을 찾아낼 수 있도록 한다.

● 지도 요점
선분과 직선의 차이점을 알고, 읽는 방법을 인지시키는 것이 중요합니다.
그리고 사각형, 삼각형, 원 모양을 생활 주변에서 찾아보는 활동을 통해 모양을 구분
할 수 있도록 하고, 모양이 확실히 인지된 후에는 각각의 특징을 말해 보도록 합니다.
예를 들어 꼭짓점과 변의 수 등을 어린이에게 직접 말해 보게 하는 것이 좋습니다.
아이들에게 공간 감각을 길러 주기 위해서는 공간에서의 물체의 위치, 물체의 모양,
모양을 이루고 있는 물체의 개수 등을 통하여 경험을 많이 쌓도록 해야 합니다.
이런 경험을 위해서 가정에서는 쌓기나무를 준비하여 어린이들이 직접 활동할 수 있
도록 하는 것이 좋습니다. 어린이들은 쌓기나무를 쌓은 모양을 보고 똑같이 쌓아 보
고, 쌓기나무로 여러 가지 모양을 만들어 보는 과정에서 학습에 흥미를 더욱 높일 수
있습니다.

☆ 이름 :

☆ 날짜 :

☆ 시간 :   시   분 ~   시   분

확인

🐸 왼쪽과 같은 모양에 ○표 하시오.(1~2)

1.

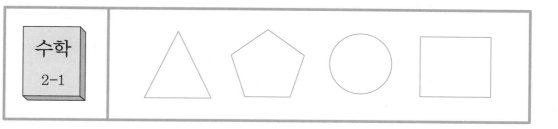

2.

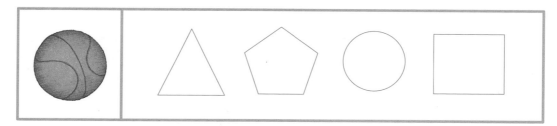

🐸 ☐ 안에 다음 모양의 이름을 쓰시오.(3~6)

3.

4.

5.

6.

☐ 모양   ☐ 모양   ☐ 모양   ☐ 모양

7. 다음 그림에서 점선대로 자른 모양과 같은 것끼리 선으로 이으시오.

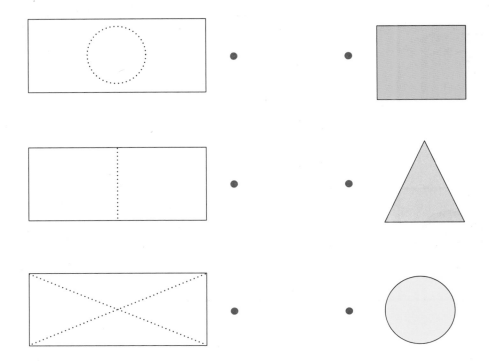

8. 점(·)은 크기나 길이가 없고, 위치만 나타냅니다. 그러므로 점은 크기
   나 길이를 잴 수 있습니까? 없습니까?

[답] _____

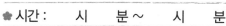

✿ 이름 :

✿ 날짜 :

✿ 시간 :　　시　　분 ~　　시　　분

확인

🐸 다음 선분을 읽어 보시오.(1~2)

1.　●━━━━━━━━━━━●　　　읽기 : _____
　　ㄱ　　　　　　　　ㄴ

2.　●━━━━━━━━━━━●　　　읽기 : _____
　　㉮　　　　　　　　㉯

🐸 다음 반직선을 읽어 보시오.(3~4)

3.　●━━━━━━━━●━━━　　　읽기 : _____
　　ㄱ　　　　　　ㄴ

4.　━━●━━━━━━━━━●━　　읽기 : _____
　　　㉮　　　　　　　　㉯

🐸 다음 직선을 읽어 보시오.(5~6)

5.　━━●━━━━━━━━━●━━　읽기 : _____
　　　ㄱ　　　　　　　　ㄴ

6.　━━●━━━━━━━●━━　　읽기 : _____
　　　㉮　　　　　　㉯

👻 다음 그림을 보고 ☐ 안에 알맞은 말을 써넣으시오.(6~7)

ㄷ   ㄹ

6. 두 점 ㄷ, ㄹ을 곧게 이은 선을 ☐이라고 합니다.

7. 이것을 선분 ☐ 또는 ☐ ㄹㄷ이라고 읽습니다.

👻 다음을 무엇이라고 하는지 쓰시오.(8~10)

8.   3개의 선분으로 둘러싸인 도형   _____

9.   4개의 선분으로 둘러싸인 도형   _____

10.   동그란 모양   _____

👻 다음 도형은 몇 개의 선분으로 둘러싸여 있는지 쓰시오.(11~13)

11.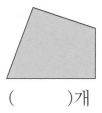

(   )개

12.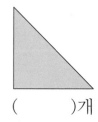

(   )개

13.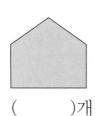

(   )개

🐸 다음 그림을 보고 ☐ 안에 알맞은 말을 써넣으시오.(1~2)

1. 양쪽으로 끝없이 늘인 곧은 선을 ☐ 이라고 합니다.

2. 이것을 직선 ☐ 또는 ☐ ㄴㄱ이라고 읽습니다.

3. 다음 도형을 보고 ☐ 안에 알맞은 말을 써넣으시오.

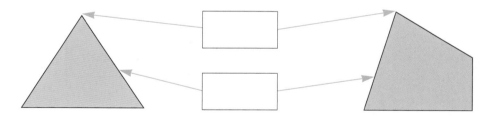

4. 다음 빈 곳에 알맞은 수를 써넣으시오.

	변의 수	꼭짓점의 수
삼 각 형		
사 각 형		

5. 다음 점판에 점을 선분으로 이어 삼각형과 사각형을 각각 I개씩 그리시오.

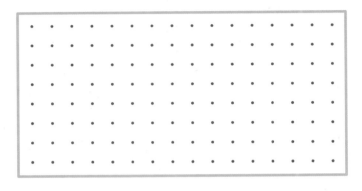

👻 다음 그림을 보고 물음에 답하시오.(6~8)

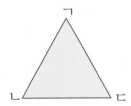 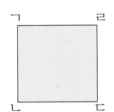

6. 삼각형 ㄱㄴㄷ의 꼭짓점을 모두 쓰시오.

[답] _____

7. 사각형 ㄱㄴㄷㄹ의 꼭짓점을 모두 쓰시오.

[답] _____

8. 삼각형 ㄱㄴㄷ의 변을 모두 쓰시오.

[답] _____

★ 이름 :

★ 날짜 :

★ 시간 : 시 분 ~ 시 분

확인

🐸 다음 그림을 보고 물음에 답하시오.(1~5)

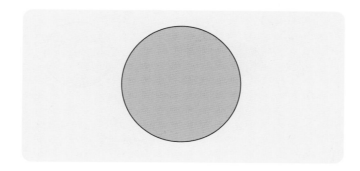

1. 위의 도형의 이름을 쓰시오. [답]

2. 원에는 꼭짓점과 변이 있습니까? 없습니까?

[답]

3. 원은 어느 쪽에서 보아도 모양이 같습니까? 다릅니까?

[답]

4. 원은 선분으로 되어 있습니까? 둥근 선으로 되어 있습니까?

[답]

5. 동전이나 유리컵을 본떠 그린 동그란 모양을 무엇이라고 합니까?

[답]

6. 다음 중 원은 어느 것입니까?

① 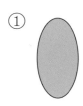   ② 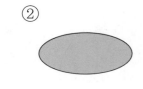   ③ 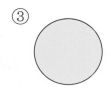   ④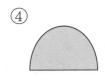

7. 다음 ☐ 안에 알맞은 물건을 사용하여 원을 그리시오.

8. 다음 중에서 어느 쪽에서 보아도 똑같은 모양으로 보이는 것은 어느 것입니까?

①   ②   ③   ④

★ 이름 :

★ 날짜 :

★ 시간 : 시 분 ~ 시 분

확인

🐸 다음 그림은 두 점을 선으로 이은 것입니다. 물음에 답하시오.(1~2)

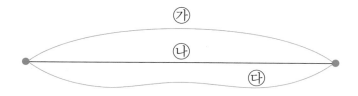

1. 위의 그림에서 곧은 선은 어느 것입니까?   [답]

2. 위의 그림에서 가장 짧은 선은 어느 것입니까?   [답]

🐸 다음 두 점을 곧게 이어 선분을 그리고 읽어 보시오.(3~4)

3.

ㄱ   ㄴ

(   )

4.

가   나

(   )

🐸 다음 두 점을 이용하여 직선을 그리고 읽어 보시오.(5~6)

5.

ㄱ   ㄴ

(   )

6.

가   나

(   )

사고력 학습

7. 점들을 이용하여 다음을 그리시오.

(1) 직선 ㄱㄴ

(2) 선분 ㄴㄷ

(3) 선분 ㄹㄷ

(4) 직선 ㄱㄹ

ㄱ●   ●ㄹ

ㄴ●   ●ㄷ

8. 한 점을 지나는 직선은 몇 개 그릴 수 있습니까?

[답] _____

9. 두 점을 지나는 직선은 몇 개 그릴 수 있습니까?　[답] _____

10. 두 점을 잇는 선분은 몇 개 그릴 수 있습니까?　[답] _____

11. 관계있는 것끼리 선으로 이으시오.

선분 •　　　　　　　• 끝점이 없습니다.

직선 •　　　　　　　• 끝점이 두 개 있습니다.

F-36a

✿이름 :

✿날짜 :

✿시간 :　　시　　분～　시　　분

확인

1. 다음 선분을 이어 보시오.

　(1) 선분 ㄴㅁ　　(2) 선분 ㅁㄷ

　(3) 선분 ㄱㄷ　　(4) 선분 ㄱㄹ

　(5) 선분 ㄴㄹ

　　　　　　　　　　　　　　　　•ㄱ

　　　　　　　　　ㄴ•　　　　　　　•ㅁ

　　　　　　　ㄷ•　　　　•ㄹ

🐸 다음 도형 가, 나를 보고 물음에 답하시오.(2~5)

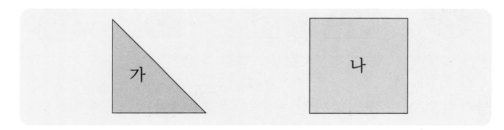

2. 선분과 선분이 만나는 점을 무엇이라고 합니까?　[답]

3. 꼭짓점끼리 연결한 각각의 선분을 무엇이라고 합니까?

　　　　　　　　　　　　　　　　　　　　　　[답]

4. 변이 3개인 도형은 어느 것입니까?　[답]

5. 꼭짓점이 4개인 도형은 어느 것입니까?　[답]

사고력 학습 🚗

6. 삼각형과 사각형의 공통점은 무엇입니까?

[답] _____

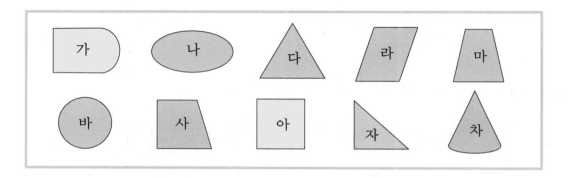

7. 삼각형은 어느 것입니까?   [답] _____

8. 사각형은 어느 것입니까?   [답] _____

9. 원은 어느 것입니까?   [답] _____

10. 꼭짓점과 변의 수가 가장 많은 도형의 이름을 쓰시오.

[답] _____

✿ 이름 :

✿ 날짜 :

✿ 시간 :　　시　　분～　시　　분

확인

1. 관계있는 것끼리 선으로 이으시오.

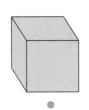　　　　

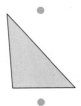　　　　

- 변, 꼭짓점이 4개씩 있다.
- 선분으로 둘러싸인 도형이다.

- 변이 없다.
- 동그란 모양을 본뜬 것이다.
- 곡선으로 되어 있다.

- 변, 꼭짓점이 3개씩 있다.
- 선분으로 둘러싸인 도형이다.

👻 다음 그림은 색종이를 접어서 겹치게 한 것입니다. 이것을 펼쳤을 때 생기는 도형의 이름을 쓰시오.(2~4)

2.

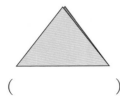

(   )

3.

(   )

4.

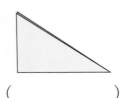

(   )

👻 다음 도형은 몇 개의 선분으로 되어 있는지 쓰시오.(5~8)

5.

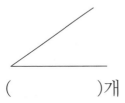

(   )개

6.

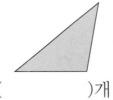

(   )개

7.

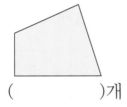

(   )개

8.

(   )개

F-38a

✿ 이름 :

✿ 날짜 :

✿ 시간 : 　시 　분 ~ 　시 　분

확인

1. 곧은 선을 찾아 ( ) 안에 ○표 하시오.

① ⌒⌒‾　　　　　(　　　　　)

② ‾‾‾‾‾‾　　　　　(　　　　　)

2. 선분과 직선을 찾아 알맞게 써 보시오.

(1) ●————————●　　　　(　　　　　)

(2) ●————————————●—　　　　(　　　　　)

3. 선분과 직선의 공통점은 무엇입니까?

[답] _____

4. 다음 그림에서 크고 작은 삼각형과 사각형은 각각 몇 개입니까?

(1)

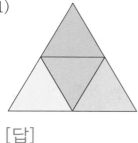

[답] _____

(2)

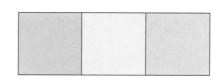

[답] _____

사고력 학습

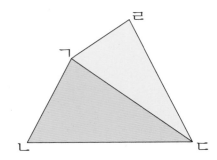

다음 도형을 보고 물음에 답하시오.(5~10)

5. 위 도형에서 삼각형은 모두 몇 개입니까?　　[답]

6. 삼각형의 이름을 모두 쓰시오.　　[답]

7. 삼각형 ㄱㄴㄷ의 꼭짓점이 <u>아닌</u> 것은 어느 것입니까?

[답]

8. 삼각형 ㄱㄴㄷ의 변도 되고, 삼각형 ㄱㄷㄹ의 변도 되는 것은 어느 것입니까?

[답]

9. 위 도형에서 사각형의 이름을 쓰시오.　　[답]

10. 삼각형의 변은 되지만 사각형의 변이 될 수 <u>없는</u> 것은 어느 것입니까?

[답]

✿ 이름 :

✿ 날짜 :

✿ 시간 :　　　　시　　분 ~　　　시　　분

확인

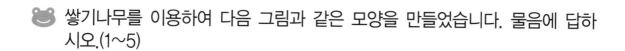

🐸 쌓기나무를 이용하여 다음 그림과 같은 모양을 만들었습니다. 물음에 답하시오.(1~5)

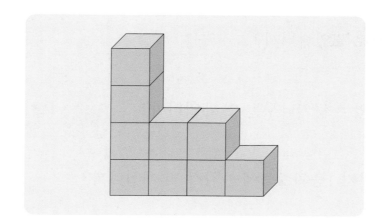

1. 몇 층으로 쌓았습니까?　　　　　　　　　　　　　　[답]

2. 쌓기나무가 1층에는 몇 개입니까?　　　　　　　　　[답]

3. 쌓기나무가 2층에는 몇 개입니까?　　　　　　　　　[답]

4. 쌓기나무가 3층에는 몇 개입니까?　　　　　　　　　[답]

5. 쌓기나무의 개수는 모두 몇 개입니까?　　　　　　　[답]

사고력 학습

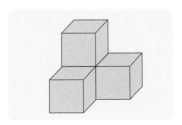

🐱 쌓기나무를 이용하여 오른쪽 그림과 같은 모양을 만들었습니다. 물음에 답하시오.(6~9)

6. 몇 층으로 쌓았습니까?　　[답]

7. 보이지 않는 쌓기나무는 몇 개입니까?　　[답]

8. 쌓기나무가 1층과 2층에는 각각 몇 개입니까?

　　　　　　[답]　　　　　　　,

9. 쌓기나무의 개수는 모두 몇 개입니까?　　[답]

10. 왼쪽 모양을 오른쪽 모양과 같게 만들려면, 어떤 쌓기나무를 어디로 움직여야 하는지 알아보시오.

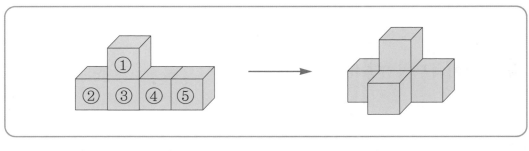

　　　(　　　　)번을 (　　　　)번 (앞, 옆, 위)(으)로 옮깁니다.

✿ 이름 :

✿ 날짜 :

✿ 시간 :   시   분 ~   시   분

확인

😃 왼쪽 모양을 오른쪽 모양과 같게 만들려면, 어떤 쌓기나무를 어디로 움직여야 하는지 알아보시오.(1~3)

1.

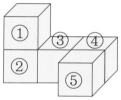 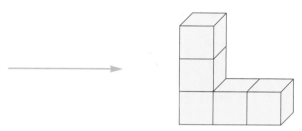

(   )번을 (   )번 (앞, 옆, 위)(으)로 옮깁니다.

2.

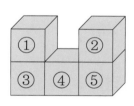 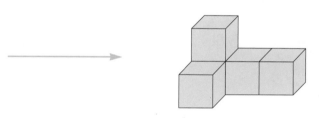

(   )번을 (   )번 (앞, 옆, 위)(으)로 옮깁니다.

3.

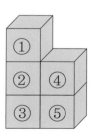 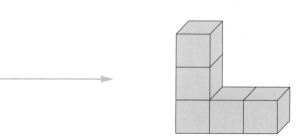

(   )번을 (   )번 (앞, 옆, 위)(으)로 옮깁니다.

사고력 학습

쌓기나무로 만든 여러 가지 모양을 보고 물음에 답하시오.(4~8)

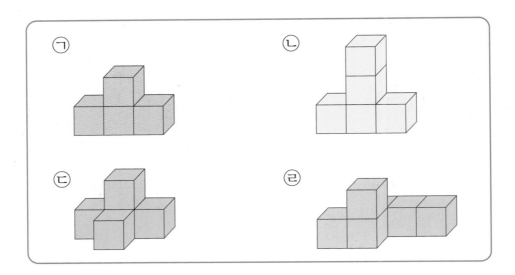

ㄱ

ㄴ

ㄷ

ㄹ

4. 쌓기나무 5개로 만든 모양을 모두 고르시오.

[답]

5. 2층 높이로 쌓은 모양을 모두 고르시오.   [답]

6. 가장 높이 쌓은 모양을 고르시오.   [답]

7. 쌓기나무의 개수가 가장 많은 모양을 고르시오.

[답]

8. 보이지 않는 쌓기나무가 있는 모양을 고르시오.

[답]

 사고력 학습

확인

🐸 다음 ( ) 안에 쌓기나무의 개수를 써넣으시오.(1~4)

1.

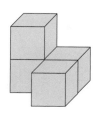

→

┌ 1층 : (   )개
├ 2층 : (   )개
└ 합 : (   )개

2.

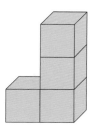

→

┌ 1층 : (   )개
├ 2층 : (   )개
├ 3층 : (   )개
└ 합 : (   )개

3.

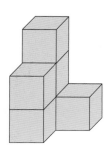

→

┌ 1층 : (   )개
├ 2층 : (   )개
├ 3층 : (   )개
└ 합 : (   )개

4.

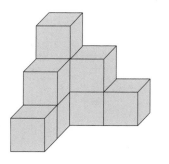

→

┌ 1층 : (   )개
├ 2층 : (   )개
├ 3층 : (   )개
└ 합 : (   )개

사고력 학습

👻 쌓기나무 몇 개로 만든 모양인지 알아보시오.(5~10)

5.

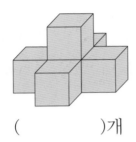

(   )개

6.

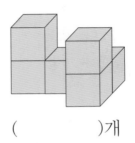

(   )개

7.

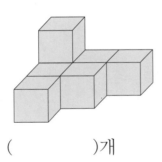

(   )개

8.

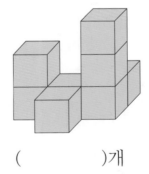

(   )개

9.

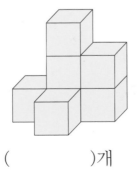

(   )개

10.

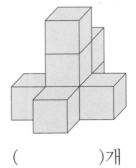

(   )개

✿ 이름 :

✿ 날짜 :

✿ 시간 :　　시　　분 ~　　시　　분

🐸 다음 규칙 찾기를 읽고 물음에 답하시오.(1~2)

> **규칙 찾기**
>
> ◆ 주어진 조건을 잘 살펴봅니다.
> ◆ 어떤 규칙으로 늘었는지 또는 줄었는지 살펴봅니다.
> ◆ 어떤 순서로 반복되는 규칙인지 살펴봅니다.
> ◆ 어떤 규칙에 의해 몇씩 뛰었는지 알아봅니다.

1. 그림을 보고 물음에 답하시오.

(1) 일정하게 반복되는 과일을 ⬭로 묶어 보시오.

(2) 빈 곳에 들어갈 과일에 ○표 하시오.

2. 규칙에 따라 마지막 그림에 색칠을 해 보시오.

   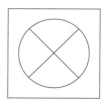

사고력 학습

3. 규칙에 따라 빈 곳에 들어갈 동물을 말해 보시오.

[답]

4. 규칙에 따라 ☐ 안에 알맞은 그림을 그리시오.

5. 규칙에 따라 빈 곳에 알맞은 그림을 그리시오.

6. 규칙에 따라 빈 곳에 놓일 ●의 개수는 몇 개입니까?

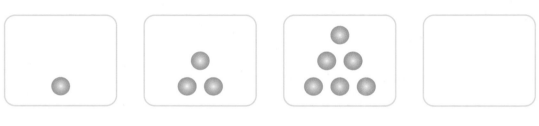

[답]

F-43a

✿ 이름 :

✿ 날짜 :

✿ 시간 :　　시　　분 ~　　시　　분

 창의력 학습

모눈종이 위에 미처 다 그리지 못한 그림이 있습니다. 왼쪽 그림과 똑같이 오른쪽 그림을 완성해 보시오.

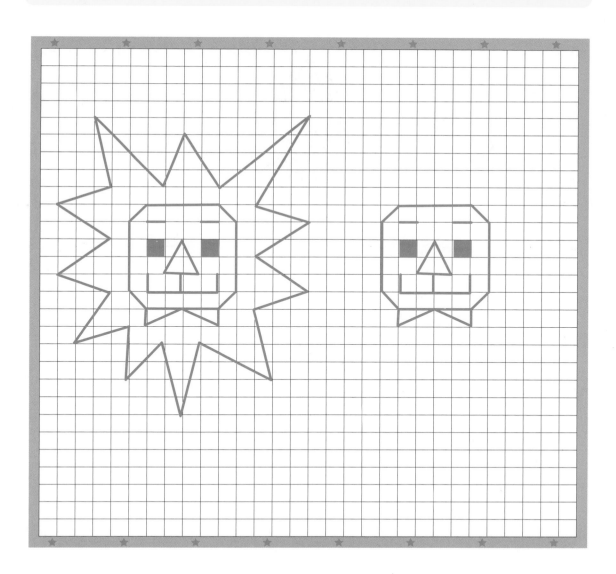

F-43b

다음과 같이 원, 삼각형, 사각형으로 여러 가지 동물 모양을 그려 보시오.

예)

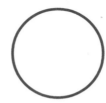

✱ 이름 :

✱ 날짜 :

✱ 시간 :   시   분 ~   시   분

확인

✚ 경시 대회 예상 문제

1. 다음을 읽고 맞으면 ○표, 틀리면 ✕표 하시오.

(1) 두 점을 이은 선분은 오직 한 개이다.   (   )

(2) 두 점을 이은 선은 수없이 많다.   (   )

(3) 삼각형의 변의 수와 사각형의 꼭짓점의 수의 합은 **7**이다. (   )

(4) 두 점을 지나는 직선은 수없이 많다.   (   )

(5) 원은 한 개의 선분으로 이루어졌다.   (   )

(6) 두 점을 이은 가장 짧은 선을 선분이라고 한다.   (   )

(7) 사각형의 변의 수와 삼각형의 꼭짓점의 수의 합은 **7**이다. (   )

(8) 반직선 ㄱㄴ과 반직선 ㄴㄱ은 같다.   (   )

(9) 같은 다각형에서 변의 수와 꼭짓점의 수는 다르다.   (   )

2. 다음 점들을 선분으로 모두 이어 보시오.

3. 다음 그림에서 크고 작은 삼각형과 사각형은 각각 몇 개입니까?

(1)

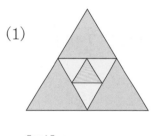

[답]

(2)

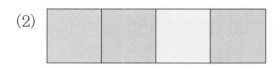

[답]

4. 다음 그림을 보고 물음에 답하시오.

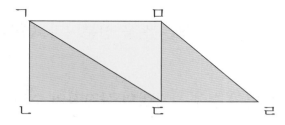

(1) 삼각형의 변도 되고 사각형의 변도 되는 것을 모두 쓰시오.

[답]

(2) 사각형은 모두 몇 개입니까?   [답]

5. 다음 그림 중 사각형도 삼각형도 <u>아닌</u> 것을 모두 고르시오.

①   ②    ③   ④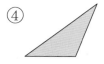

6. 왼쪽 모양을 오른쪽 모양과 같게 만들려면, 어떤 쌓기나무를 어디로 움직여야 하는지 알아보시오.

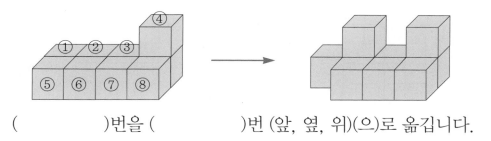

(   )번을 (   )번 (앞, 옆, 위)(으)로 옮깁니다.

7. 다음은 쌓기나무 몇 개로 만든 모양입니까?

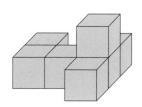

[답] _____

8. 쌓기나무의 개수가 더 많은 것은 어느 것입니까?

㉮ 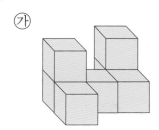   ㉯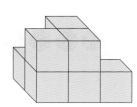

[답] _____

경시 대회 예상 문제

9. 규칙에 따라 마지막 그림에 알맞게 색칠하시오.

10. 규칙에 따라 ③번 그림에 알맞게 색칠하시오.

① 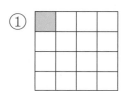 ⇒ ② 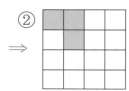 ⇒ ③ 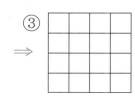 ⇒ ④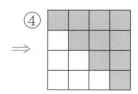

11. 규칙에 따라 ☐ 안에 알맞은 수를 써넣으시오.

(1) 1,　4,　7,　☐　,　13,　16, …

(2) 49,　46,　☐　,　40,　37,　☐　, …

12. 규칙에 따라 ☐ 안에는 흰 바둑돌과 검은 바둑돌이 각각 몇 개씩 놓이게 됩니까?

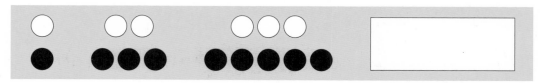

[답] ○ _____ , ● _____

사고력도 탄탄! 창의력도 탄탄!
기탄고려수학

F1

🐤 **F46a ~ F60b**

학습 관리표

학습 내용		이번 주는?
확인 학습	· 세 자리 수 · 덧셈과 뺄셈(1) · 여러 가지 모양 · 창의력 학습 · 경시 대회 예상 문제 · 성취도 테스트	• 학습 방법 : ① 매일매일　② 가끔　③ 한꺼번에 　　　　　 하였습니다. • 학습 태도 : ① 스스로 잘　② 시켜서 억지로 　　　　　 하였습니다. • 학습 흥미 : ① 재미있게　② 싫증내며 　　　　　 하였습니다. • 교재 내용 : ① 적합하다고　② 어렵다고　③ 쉽다고 　　　　　 하였습니다.

지도 교사가 부모님께	부모님이 지도 교사께

평가	Ⓐ 아주 잘함　　Ⓑ 잘함　　Ⓒ 보통　　Ⓓ 부족함

원(교)　　　　　　반　이름　　　　　　전화

기초부터 탄탄하게
G 기탄교육
www.gitan.co.kr / (02)586-1007(대)

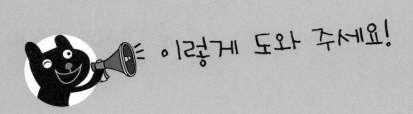

이렇게 도와 주세요!

● 학습 목표
– 세 자리 수의 개념을 이해한다.
– 수의 배열을 알고 뛰어 세기를 할 수 있다.
– 세 자리 수의 크기를 비교할 수 있다.
– 받아올림이 있는 (두 자리 수)+(한 자리 수)의 계산 문제와 받아내림이 있는 (두 자리 수)−(한 자리 수)의 계산 문제를 풀 수 있다.
– 쌓기나무로 만들어진 모양을 보고 똑같이 만들거나, 쌓기나무를 이용하여 여러 가지 모양을 만들 수 있다.
– 배열 순서에 따라 규칙을 찾아낼 수 있다.

● 지도 내용
– 여러 가지 방법을 이용하여 백(100)과 몇 백의 개념을 알도록 한다.
– 세 자리 수의 개념을 알고 두 수의 크기를 비교할 수 있도록 한다.
– 수의 배열을 알고 뛰어 세기를 할 수 있도록 한다.
– 받아올림과 받아내림이 있는 계산 문제를 많이 풀어 보도록 한다.
– 세 수의 덧셈과 뺄셈 문제를 많이 풀어 보도록 한다.
– 선분과 직선의 차이를 말할 수 있도록 한다.
– 쌓은 모양을 보고 똑같이 쌓아 보게 한다.
– 쌓기나무로 여러 가지 모양을 만들어 보게 한다.
– 배열 순서에 따라 규칙을 찾아낼 수 있도록 한다.

● 지도 요점
앞에서 학습한 세 자리 수의 개념, 두 자리 수의 덧셈과 뺄셈, 여러 가지 모양의 특징을 알고 쌓기나무 놀이를 확인 학습하는 주입니다.
여러 유형의 문제를 접해 보게 함으로써 아이가 학습한 지식을 잘 응용할 수 있도록 지도해 주십시오. 그리고 성취도 테스트를 이용해서 주어진 시간 내에 주어진 문제를 푸는 연습을 하도록 지도해 주십시오.

✿ 이름 :

✿ 날짜 :

✿ 시간 :　　시　분 ~　　시　분

확인

1. 십의 자리 숫자가 7, 일의 자리 숫자가 0인 세 자리 수 중에서 700보다 큰 수를 모두 쓰시오.

[답]

2. 다음 ☐ 안에 알맞은 수를 써넣으시오.

100이 　6 ⎫
10이 　24 ⎬ 이면 ☐ 입니다.
1이 118 ⎭

3. 다음 중 수가 가장 큰 것부터 차례대로 번호를 쓰시오.

① 백의 자리 숫자가 7, 십의 자리 숫자가 3, 일의 자리 숫자가 5인 수
② 716보다 100 작은 수
③ 648부터 50씩 3번 뛰어 세기 한 수
④ 숫자 7, 3, 6을 한 번씩만 사용하여 만든 세 자리 수 중에서 두 번째로 큰 수

[답]

확인 학습

4. 100이 5, 10이 24, 1이 115이면 어떤 수입니까?

[답] _____

5. 숫자 카드  을 한 번씩만 사용하여 만들 수 있는 세 자리 수는 모두 몇 개입니까?

[답] _____

6. 다음은 어떤 세 자리 수의 십의 자리 숫자와 일의 자리 숫자가 지워져서 보이지 않는 것입니다. 각 자리의 숫자의 합이 25라면, 이 세 자리 수는 무엇입니까?

7 [ ] [ ]

[답] _____

7. 십의 자리 숫자가 6, 일의 자리 숫자가 9인 세 자리 수 중에서 500보다 작은 수는 모두 몇 개입니까?

[답] _____

확인 학습

🌸 이름 :

🌸 날짜 :

🌸 시간 :   시   분 ~   시   분

확인

1. 다음 ☐ 안에 알맞은 수를 써넣으시오.

☐ – 480 – 520 – ☐ – ☐ – 640

2. 다음 ☐ 안에 알맞은 수를 써넣으시오.

599보다

1 큰 수는 ☐

10 큰 수는 ☐

100 큰 수는 ☐

3. 1에서 9까지의 숫자 중에서 ☐ 안에 들어갈 수 있는 숫자를 모두 쓰시오.

655 < ☐ 29

[답]

4. 숫자 1, 2, 3을 한 번씩만 사용하여 만들 수 있는 세 자리 수는 모두 몇 개입니까?

[답]

5. 다음 수를 가장 큰 것부터 차례대로 쓰시오.

712, 690, 802, 399, 588

[답]

👻 다음 ☐ 안에 알맞은 수를 써넣으시오.(6~9)

6. 100이 3, 10이 27, 1이 12인 수는 ☐ 입니다.

7. 10이 30, 1이 25인 수는 ☐ 입니다.

8. 1000은 990보다 ☐ 큰 수입니다.

9. 999는 1000보다 ☐ 작은 수이며, 900보다 ☐ 큰 수입니다.

❀ 이름 :

❀ 날짜 :

❀ 시간 :　　시　　분 ~ 　시　　분

확인

1. 규칙을 찾아 (　　) 안에 알맞은 수를 써넣으시오.

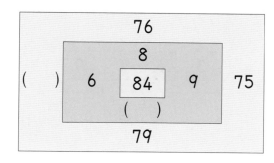

🐸 다음 빈 곳에 알맞은 수를 써넣으시오.(2~3)

2.

+8

48	
	72
67	
	95

3.

−7

	53
73	
	82
66	

4. 세 자리 수 중에서 가장 큰 수와 두 자리 수 중에서 가장 작은 수를 쓰시오.

(1) 가장 큰 수 : 　　　　　　　　(2) 가장 작은 수 :

5. 다음 숫자 카드를 한 번씩만 사용하여 만든 두 자리 수 중에서 가장 작은 수와 나머지 2장의 숫자 카드 중 큰 수와의 차는 얼마입니까?

| 3 | 6 | 0 | 9 |

[답] _____

 다음 ☐ 안에 알맞은 수를 써넣으시오.(6~8)

6.
```
    4 7
+   ☐
───────
  ☐ 5
```

7.
```
  ☐ 6
-   ☐
───────
  7 8
```

8.

```
      ( +5 )      ( -9 )      ( +7 )
  ┌──────┐   ┌──────┐   ┌──────┐   ┌──────┐
  │  76  │   │      │   │      │   │      │
  └──────┘   └──────┘   └──────┘   └──────┘
```

✿ 이름 :

✿ 날짜 :

✿ 시간 :　　시　　분 ~ 　　시　　분

1. 다음 빈 곳에 알맞은 수를 써넣으시오.

+ →			
24	8	5	
7	55	6	
9	5	79	
			☆☆☆

2. 영주는 구슬을 24개 가지고 있습니다. 영구는 구슬을 영선이보다 7개 더 많이 가지고 있고, 영주보다 9개 더 많이 가지고 있습니다. 영선이가 가지고 있는 구슬은 몇 개입니까?

[답]

3. 꽃밭에 빨간 꽃이 74송이 피었습니다. 노란 꽃은 빨간 꽃보다 8송이 더 적습니다. 노란 꽃은 몇 송이입니까?

[식]   [답]

4. 1부터 9까지의 수 중에서 ☐ 안에 들어갈 수 있는 수를 모두 쓰시오.

$$7+48+6 \;>\; 47+8+\square$$

[답] _____

🦭 다음 ☐ 안에 알맞은 수를 써넣으시오.(5~6)

5. $67+5=\boxed{}-8$

6. $\boxed{}+7=74+6$

7. 다음 빈 곳에 알맞은 수를 써넣으시오.

+		
67		76
	44	
73		☆☆☆

♣ 이름 :

♣ 날짜 :

♣ 시간 :　　시　　분 ~ 　　시　　분

확인

🐸 다음 그림을 보고 물음에 답하시오.(1~3)

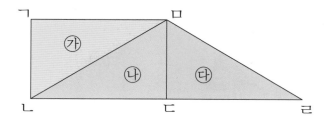

1. 삼각형의 변도 되고 사각형의 변도 되는 것을 모두 쓰시오.

　　　　[답]

2. 삼각형 ㉮의 꼭짓점도 되고, 삼각형 ㉯의 꼭짓점도 되고, 삼각형 ㉰의 꼭짓점도 되는 점은 어느 것입니까?

　　　　[답]

3. 삼각형의 꼭짓점도 되고 사각형의 꼭짓점도 되는 점을 모두 쓰시오.

　　　　[답]

4. 다음 도형에서 크고 작은 삼각형은 모두 몇 개입니까?

　　　　[답]

5. 동그란 피자를 색칠한 것과 같은 모양으로 자르면 모두 몇 개가 되겠습니까?

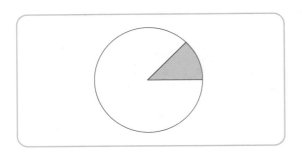

[답]

다음 도형을 보고 물음에 기호로 답하시오.(6~8)

6. 사각형을 모두 찾아 쓰시오.

[답]

7. 사각형도, 삼각형도, 원도 아닌 것을 모두 찾아 쓰시오.

[답]

8. 변의 개수가 가장 많은 것은 어느 것입니까?

[답]

♣ 이름 :

♣ 날짜 :

♣ 시간 :   시   분~   시   분

확인

F-51a

1. 바둑돌을 다음과 같이 늘어놓을 때, 5번째에는 바둑돌이 몇 개 필요합니까?

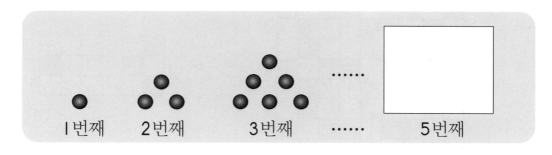

[답]

2. 규칙에 따라 ㉰와 ㉱에 알맞게 색칠하시오.

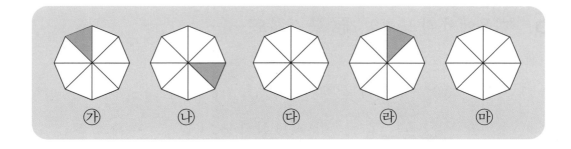

3. 규칙에 따라 (   ) 안에 알맞은 숫자를 써넣으시오.

0100100010000100000(   )(   )000000(   )0

4. 오른쪽 그림은 왼쪽 그림의 한 부분입니다. 오른쪽 그림을 완성하시오.

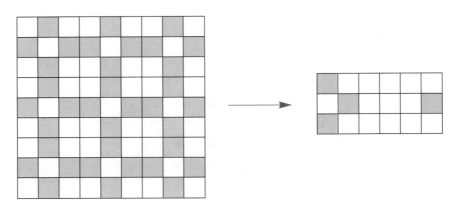

5. 다음에서 각 도형의 개수를 쓰시오.

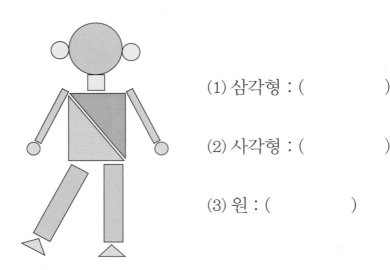

(1) 삼각형 : (   )

(2) 사각형 : (   )

(3) 원 : (   )

F-52a

❀ 이름 :

❀ 날짜 :

❀ 시간 :　　시　　분 ~　　시　　분

🐸 다음 수 배열표를 보고 물음에 답하시오.(1~4)

21	22	23	24	25	26	27	28	29	30
31	32	33	34	35	36	37	38	39	40
41	42	43	44	45	46	47	48	49	50
51	52	53	54	55	56	57	58	59	60
61	62	63	64	65	66	67	68	69	70
71	72	73	74	75	76	77	78	79	80

1. 61부터 가로로 읽어 보고, 어떤 규칙이 있는지 쓰시오.

[답]

2. 24부터 세로로 읽어 보고, 어떤 규칙이 있는지 쓰시오.

[답]

3. 23부터 화살표 방향으로 읽어 보고, 그 규칙을 말하시오.

[답]

4. 29부터 화살표 방향으로 읽어 보고, 그 규칙을 말하시오.

[답]

👻 다음은 5명의 어린이가 1주일 동안 윗몸일으키기를 한 기록입니다. □는 숫자가 지워져서 보이지 않는 것입니다. 이 윗몸일으키기 기록표를 보고 물음에 답하시오.(5~8)

슬기	일호	찬호	혜선	승엽
184번	13□번	1□3번	178번	195번

5. 슬기, 혜선, 승엽이 중에서 누가 가장 많이 하였습니까?

[답]

6. 일호와 승엽이 중에서 누가 더 조금 하였습니까?

[답]

7. 찬호와 승엽이 중에서 누가 더 조금 하였습니까?

[답]

8. 누가 가장 많이 하였습니까?

[답]

 확인 학습

확인

☘ 이름 :

☘ 날짜 :

☘ 시간 :   시   분 ～   시   분

F-53a

🐸 다음 수 배열표를 보고 물음에 답하시오.(1~4)

510	520								
		630							700
				760					
810									
			940						

1. 분홍색 부분은 몇씩 뛰어 세기를 한 것입니까?

[답]

2. 초록색 부분은 몇씩 뛰어 세기를 한 것입니까?

[답]

3. 분홍색 부분은 얼마에서 얼마까지 몇씩 뛰어 세기를 한 것입니까?

[답]

4. 초록색 부분은 얼마에서 얼마까지 몇씩 뛰어 세기를 한 것입니까?

[답]

확인 학습

다음 숫자 카드를 한 번씩만 사용하여 세 자리 수를 만들었습니다. 물음에
답하시오.(5~8)

5. 백의 자리 숫자가 4인 수 중에서 430보다 큰 수를 모두 쓰시오.

[답] _____

6. 백의 자리 숫자가 8인 수 중에서 840보다 작은 수를 모두 쓰시오.

[답] _____

7. 백의 자리 숫자가 3인 수 중에서 가장 큰 수를 쓰시오.

[답] _____

8. 십의 자리 숫자가 4, 일의 자리 숫자가 8인 수 중에서 가장 큰 수를 쓰
시오.

[답] _____

 확인 학습

♣ 이름 :

♣ 날짜 :

♣ 시간 : 시 분 ~ 시 분

확인

🐸 반드시 승객이 모두 내린 후에 탄다고 했을 때, 다음 물음에 답하시오.(1~4)

사람 수 \ 정류장	출발점	학교 앞	시청 앞
내린 사람의 수	0	7	9
탄 사람의 수	21	16	18
승객 수	21		

1. 학교 앞에서 내리고 남은 사람은 몇 명입니까?

[식]   [답]

2. 학교 앞에서 출발할 때, 버스에는 몇 명이 타고 있습니까?

[식]   [답]

3. 시청 앞에서 내리고 남은 사람은 몇 명입니까?

[식]   [답]

4. 시청 앞에서 출발할 때, 버스에는 몇 명이 타고 있습니까?

[식]   [답]

확인 학습

주희는 우표를 26장 모았습니다. 지은이는 주희보다 8장 더 많이 모았고, 다정이는 지은이보다 9장 더 적게 모았습니다. 다음 물음에 답하시오.(5~10)

5. 주희는 우표를 몇 장 모았습니까?

[답] _____

6. 지은이는 우표를 몇 장 모았습니까?

[식] _____   [답] _____

7. 다정이는 우표를 몇 장 모았습니까?

[식] _____   [답] _____

8. 주희와 지은이가 모은 우표를 더하면 몇 장입니까?

[식] _____   [답] _____

9. 주희와 지은이가 모은 우표 수에 다정이가 모은 우표 수를 더하면 모두 몇 장입니까?

[식] _____   [답] _____

10. 세 사람이 모은 우표는 모두 몇 장입니까?

[식] _____   [답] _____

 확인 학습

🌟 이름 :

🌟 날짜 :

🌟 시간 :   시   분 ~   시   분

확인

🐸 다음을 보고 물음에 답하시오.(1~4)

$$69+5+☆ < \square$$

1. ☆이 7이라면, □의 수 중에서 가장 작은 수는 얼마입니까?

[답]

2. □가 83이라면, ☆의 수 중 가장 큰 수는 얼마입니까?

[답]

3. □가 세 자리 수 중에서 가장 작은 수라면, ☆의 수 중 가장 큰 수는 얼마입니까?

[답]

4. □가 두 자리 수 중에서 가장 큰 수라면, ☆의 수 중 가장 큰 수는 얼마입니까?

[답]

확인 학습

1에서 5까지의 수를 한 번씩만 사용하여, 다음 그림에서 가로줄의 합과 세로줄의 합이 같아지도록 만들려고 합니다. 물음에 답하시오.(5~7)

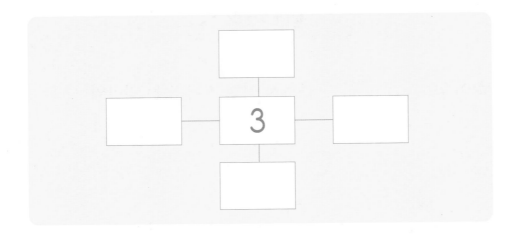

5. 사용할 수 있는 수를 가장 작은 수부터 차례대로 쓰시오.

[답]

6. □ 안에 알맞은 수를 써넣으시오.

7. 한가운데 오는 수를 기준으로 서로 마주 보는 수의 합은 얼마입니까?

[답]

 확인 학습

F-56a

✿ 이름 :

✿ 날짜 :

✿ 시간 :　　시　　분 ~　　시　　분

🐸 다음을 보고 물음에 답하시오.(1~4)

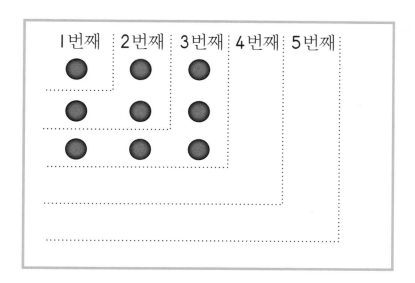

1. 2번째에는 1번째보다 바둑돌이 몇 개 더 늘어났습니까?

[답]

2. 3번째에는 2번째보다 바둑돌이 몇 개 더 늘어났습니까?

[답]

3. 1번째, 2번째, 3번째의 경우를 볼 때, 바둑돌은 몇 개씩 늘어나고 있습니까?

[답]

4. 5번째에는 바둑돌이 몇 개 있겠습니까?　　[답]

언니는 사각형을, 동생은 삼각형을 그리려고 합니다. 다음 물음에 답하시오.(5~10)

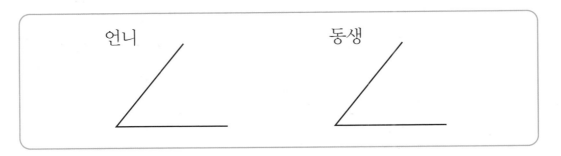

5. 언니와 동생이 그려 놓은 선분은 각각 몇 개입니까?

   [답] 언니 : _____ , 동생 : _____

6. 동생이 삼각형을 그리려면 무엇을 몇 개 더 그려야 합니까?

   [답] _____

7. 동생이 그리려는 삼각형을 완성하시오.

8. 언니가 그리려는 도형은 변이 몇 개입니까?   [답]

9. 언니가 사각형을 그리려면 먼저 정해야 할 것은 무엇입니까?

   [답] _____

10. 언니가 그리려는 사각형을 완성하시오.

✿ 이름 :

✿ 날짜 :

✿ 시간 :　　　시　　분 ~　　시　　분

확인

🐸 그림과 같이 색종이를 점선을 따라 자르면 삼각형과 사각형은 각각 몇 개씩 만들어지는지 알아보시오.(1~4)

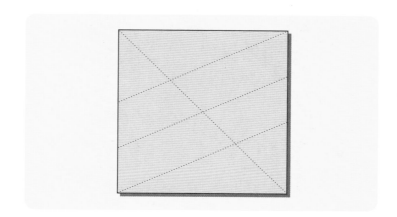

1. 사각형은 몇 개의 선분으로 둘러싸여 있습니까?

[답]

2. 삼각형은 몇 개의 선분으로 둘러싸여 있습니까?

[답]

3. 사각형은 몇 개 만들어집니까?

[답]

4. 삼각형은 몇 개 만들어집니까?

[답]

👻 다음 모양을 보고 물음에 답하시오.(5~6)

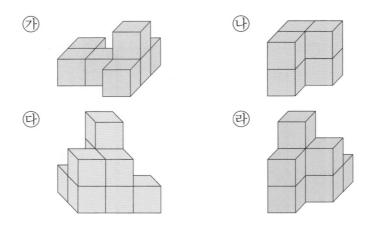

5. 쌓기나무를 가장 많이 사용한 것부터 차례대로 기호를 쓰시오.

[답] _____

6. 모양 ⓝ를 모양 ㉣로 만들기 위해 더 필요한 쌓기나무는 몇 개입니까?

[답] _____

7. 예슬이가 쌓은 모양에서 쌓기나무 몇 개를 빼내어 하늘이가 쌓은 모양과 같게 만들려고 합니다. 예슬이가 쌓은 모양에서 빼내야 할 쌓기나무의 번호를 모두 쓰시오.

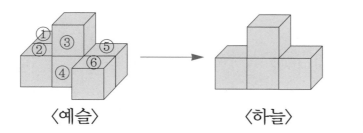

〈예슬〉   〈하늘〉

[답] _____

✿ 이름 :

✿ 날짜 :

✿ 시간 :　　시　　분 ～　　시　　분

확인

🌑 창의력 학습

아래에 있는 바둑돌에는 일정한 규칙이 있습니다. 이와 같은 모양으로 바둑돌을 가로와 세로에 각각 30개씩 되도록 늘어놓으면, 흰색과 검은색의 바둑돌 중에서 어느 쪽이 몇 개 더 많습니까?

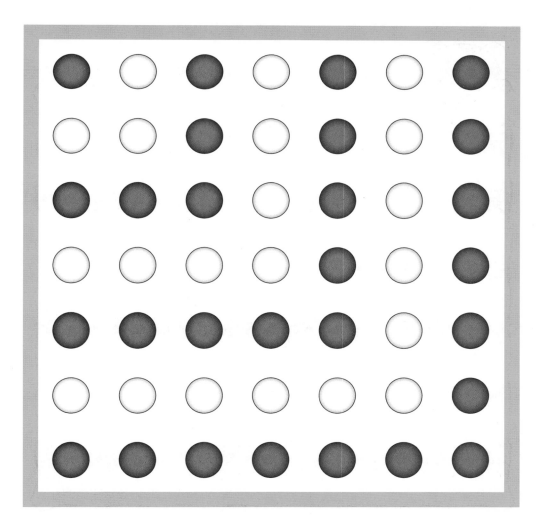

F-58b

다음의 방법대로 친구와 함께 삼각형을 만들어 보고, 누가 더 많이 만들었는
지 세어서 비교해 보시오.

① 친구와 가위바위보를 한다.
② 이긴 사람이 삼각형을 그린다. 단, 선이나 점이 겹쳐서는 안 된다.
③ 삼각형을 더 이상 그릴 수 없을 때까지 그린 후에 자기가 그린 삼각형의
   수를 센다.

창의력 학습

✛ 경시 대회 예상 문제

1. 다음 빈 곳에 알맞은 수를 써넣으시오.

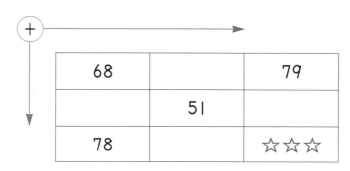

68		79
	51	
78		☆☆☆

2. 다음 ☐ 안에 들어갈 수 있는 수 중에서 가장 작은 수를 구하시오.

(1) 33 − ☐ < 27　　　　　　[답]

(2) 44 + ☐ > 52　　　　　　[답]

3. 형은 연필을 15자루 가지고 있고, 동생은 연필을 7자루 가지고 있습니다. 형이 동생에게 몇 자루를 주면 두 사람의 연필의 수가 같아집니까?

[답]

4. 다음 식에 알맞은 ☆, ◇, □, △는 각각 어떤 숫자입니까?

(1)

$$
\begin{array}{r}
5\ ☆ \\
-\quad ◇ \\
\hline
☆\ ◇
\end{array}
$$

[답]

(2)

$$
\begin{array}{r}
5\ □ \\
+\quad □ \\
\hline
△\ △
\end{array}
$$

[답]

5. 고양이가 쥐를 잡으려면 수의 합이 52가 되는 길로 가야 합니다. 어떤 길로 가야 하는지 그 길을 따라 빨간색을 칠하시오.

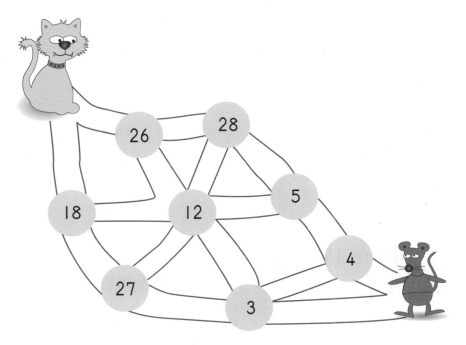

6. 100이 4, 10이 23, 1이 25인 수는 어떤 수입니까?

[답]

7. 1부터 9까지의 수 중에서 □ 안에 들어갈 수 있는 수를 모두 찾으시오.

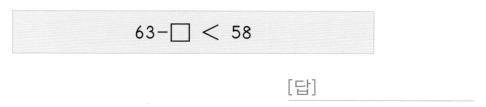

63-□ < 58

[답]

8. 다음 그림은 일정한 규칙에 따라 바둑돌을 늘어놓은 것입니다. 빈 곳에 알맞은 수를 써넣으시오.

순 서	(1)	(2)	(3)	(4)	(5)	(6)
바둑돌 수	1	3				

9. 세 점이 주어졌을 때, 네 변의 길이가 모두 같은 사각형을 그리려고 합니다. 나머지 한 점에 ✕표를 한 다음, 사각형을 그리시오.

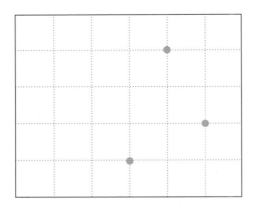

10. 두 점이 주어졌을 때, 두 변의 길이가 같은 삼각형을 그리려고 합니다. 나머지 한 점에 ✕표를 한 다음, 삼각형을 그리시오.

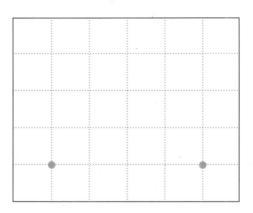

1. 다음은 어떤 수를 나타냅니까?

> ▶ 90보다 10 큰 수입니다.
> ▶ 10씩 10묶음입니다.

[답] _____

2. 백의 자리 숫자가 7, 십의 자리 숫자가 6인 수를 모두 찾아 ◯표 하시오.

715   763   759   768   736   674

3. ☐ 안에 알맞은 수를 써넣으시오.

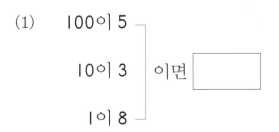

(1) 100이 5 ┐
     10이 3 ├ 이면 ☐
     1이 8 ┘

(2) 100이 ☐ ┐
     10이 ☐ ├ 이면 365
     1이 ☐ ┘

4. 다음 빈 곳에 알맞은 수를 써넣으시오.

$+$		
47		86
	29	
2		☆☆☆

(좌측 세로 화살표: $-$)

5. 다음 식의 합과 같은 것을 모두 고르시오.

3+29+8

① 35+4   ② 50-10   ③ 43+7   ④ 36+9   ⑤ 37+3

6. 1부터 9까지의 수 중에서 ☐ 안에 들어갈 수 있는 수를 모두 쓰시오.

$$64-\boxed{} > 59$$

[답]

😃 다음 물음에 답하시오.(7~10)

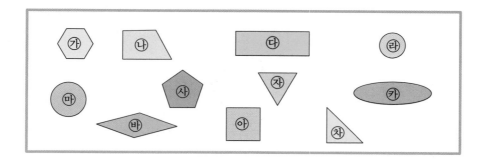

7. 사각형을 모두 찾으시오.

[답] _____

8. 변이 3개인 도형을 모두 찾으시오.

[답] _____

9. 꼭짓점이 없는 도형을 모두 찾으시오.

[답] _____

10. 원을 모두 찾으시오.

[답] _____

11. 쌓기나무의 개수가 나머지와 <u>다른</u> 것은 어느 것입니까?

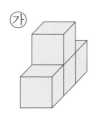 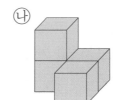 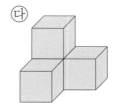 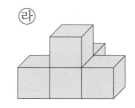

12. 다음 숫자 카드를 한 번씩만 사용하여 세 자리 수를 만들었습니다. 물음에 답하시오.

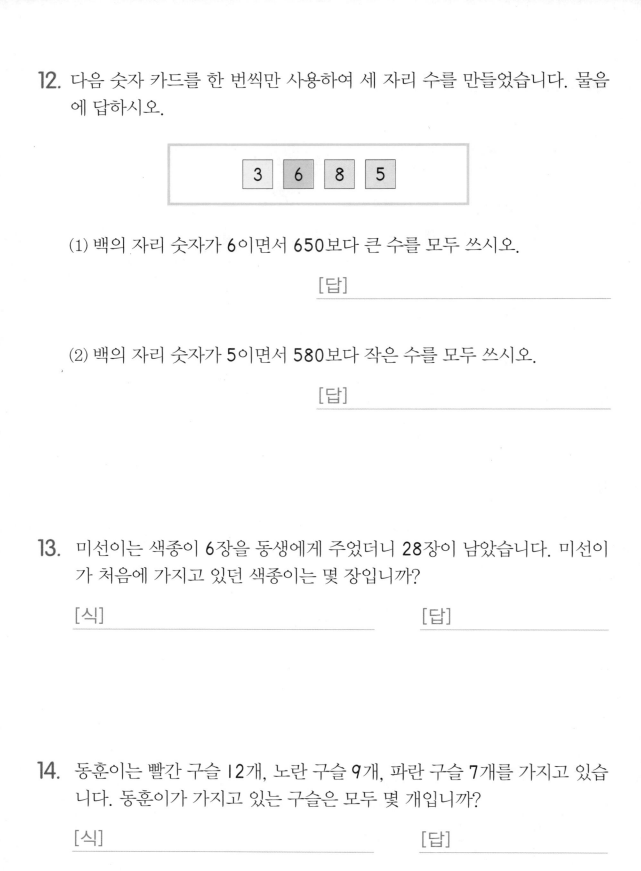

3 6 8 5

(1) 백의 자리 숫자가 6이면서 650보다 큰 수를 모두 쓰시오.

[답]

(2) 백의 자리 숫자가 5이면서 580보다 작은 수를 모두 쓰시오.

[답]

13. 미선이는 색종이 6장을 동생에게 주었더니 28장이 남았습니다. 미선이가 처음에 가지고 있던 색종이는 몇 장입니까?

[식]   [답]

14. 동훈이는 빨간 구슬 12개, 노란 구슬 9개, 파란 구슬 7개를 가지고 있습니다. 동훈이가 가지고 있는 구슬은 모두 몇 개입니까?

[식]   [답]

15. 규칙에 따라 □ 안에 알맞은 모양을 그리시오.

☆ ○ △ △ ☆ ○ □ △ ☆ □ △ △

16. 관계있는 것끼리 선으로 이으시오.

500 •

720 •

326 •

• 100이 7이고 10이 2인 수

• 삼백이십육

• 100이 5

17. 다음 그림에서 가장 많은 도형은 사각형, 삼각형, 원 중에서 어느 것입니까?

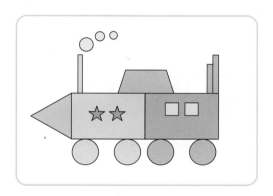

[답]

18. □ 안에 알맞은 수를 써넣으시오.

(1)
```
    5 7
  +   □
  ───────
  □   2
```

(2)
```
    8 □
  -   7
  ───────
  □   6
```

19. 미수는 어떤 수에 13을 더해야 할 것을 잘못하여 뺐더니 38이 되었습니다. 바르게 계산하면 얼마입니까?

[답]

20. 다음 그림에서 4번째에 놓일 벽돌은 모두 몇 장입니까?

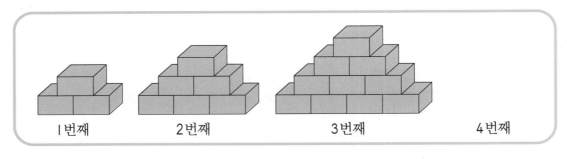

1번째   2번째   3번째   4번째

[답]

1a
1. 100 2. 100 3. 100 4. 100
5. > 6. = 7. < 8. <
9. 800   10. 900
11. 400   12. 100

1b
13. 10원 14. 50원 15. 100원
16. 백 17. 1 18. 10
19. 200 20. 삼백 21. 9

2a
1. 3 2. 30 3. 50 4. 500
5. 삼백 6. 오백 7. 칠백 8. 팔백
9. 900원

2b
10. 746   11. 599
12. 437   13. 182
14. 234   15. 109
16. 570   17. 987

3a
1. 5   2. 500   3. 7
4. 70   5. 9   6. 9
7.

백의 자리	십의 자리	일의 자리		수
7	5	3	→	753
9	4	2		942
8	0	1		801
5	6	0		560

8.

백의 자리	십의 자리	일의 자리		수
8	2	6		826

8	0	0	→	800
	2	0		20
		6		6

3b
9. 4, 5, 6   10. 2, 0, 7
11. 5, 3, 0   12. 6, 0, 0
13. 100, 101, 103, 104
14. 500, 501, 504
15. 200, 350, 400

16. 800, 820, 830
17. 355, 655, 755

4a
1. 500, 600, 800
2. 540, 840   3. 997, 998
4. < 5. < 6. > 7. <
8. 100   9. 1000
10. 100   11. 1000

4b
12. 169 13. 401 14. 710
15. 900 16. 324 17. 559
18. 799 19. 469 20. 190
21. 400 22. 701 23. 470

5a
1. 753 2. 501 3. 920
4. 900, 800, 600, 400, 100
5. 872, 701, 610, 582, 309

5b
6. 751, 157
7. 300개 풀이 1상자에 10개이므로 10상자는 100개입니다. 따라서 30상자이면 300개입니다.
8. 729원
9. 704, 703, 702, 701, 700

6a
1. 457, 466, 556
2. 710, 719, 809
3. 600, 609, 699
4. 380, 405, 575

6b
5. ✕
6. (④, ⑤, ⑥, ⑦)
7. 590 > 581

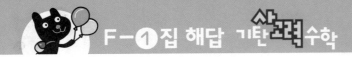

8. 780 < 901

7a
1. > 2. < 3. < 4. >
5. > 6. <
7. 516 > 156
8. 608 < 806
9. 199 < 200
10. 908은 423보다 큽니다.
11. 619는 916보다 작습니다.

7b
12. 588, 590   13. 699, 701
14. 200, 202   15. 479, 481
16. 398, 400   17. 908, 910
18. 904, 903, 902, 901, 900
19. 799, 800, 801
20. 604, 614, 624, 634, 644

8a
1. 608, 699, 610
2. 505, 555, 655
3. 508, 580, 805, 850
4. 700, 715, 720

8b
5. 699, 700, 701, 702, 703, 704
6. ㉑   7. ㉮
8. 499   9. 190

9a
1. 36   2. 7, 9
3. 600   4. 710
5. 500, 502   6. 699, 701
7. 809, 811   8. 498, 500
9. 870, 900, 910, 930
10. 890, 900, 915, 920

9b
11. 704, 714, 724, 734, 744
12. 370   13. 803
14. 795   15. 900

10a
1. (39, 70)   2. (367, 678)
3. (987, 588)   4. (807, 208)
5. 오백오십육   6. 칠백오
7. 팔백이십   8. 삼백십   9. 110
10. 954   11. 373   12. 882

10b
13.   14.

11a
1. 90, 110   2. 399, 419
3. 580, 600   4. 695, 715
5. 405, 505   6. 655, 755
7. 230, 330   8. 296, 396
9. 99, 299   10. 350, 550
11. 135, 335   12. 799, 999

11b
13. 986   14. 500개
15. 675장
16. 843, 802

12a
1. 300장   2. 6묶음
3. 620장   4. 900
5. 8, 7, 0   6. 756

12b
7. 760, 860
8. 752, 762, 782   9. 897, 900
10. 578은 509보다 큽니다.
11. 305는 456보다 작습니다.

12. 349, 350, 351

13a
창의력
학습

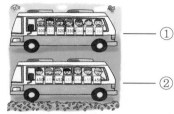
①
②

① 300, 310, 320, 330, 340, 350, 360
② 450, 451, 452, 453, 454, 455, 456

13b
창의력
학습

가장 큰 수 852
가장 작은 수 258

14a
경시 대회
예상 문제

1.

2.
백의 자리	십의 자리	일의 자리
5	7	6
9	0	5

3. 600

14b
경시 대회
예상 문제

4.
			65				70	
		74		76			79	
	83					87	88	

5. 865

6. 9개 풀이 백의 자리 숫자와 일의 자리 숫자가 각각 9인 수 중에서 999보다 작은 수는 909, 919, 929, 939, 949, 959, 969, 979, 989입니다.

7. 6개 풀이 만들 수 있는 세 자리 수는 246, 264, 426, 462, 624, 642입니다.

15a
경시 대회
예상 문제

8. 710, 107

9. 650, 606, 612
풀이 10이 60이고 1이 5인 수는 605입니다.

10. (1) 800 (2) 80 (3) 8

15b
경시 대회
예상 문제

11.
585 580 570

12. (1) (2, 3, 4) (2) (8, 9)
(3) (8, 9)

13. 899 풀이 세 자리 수 중에서 가장 큰 수는 999이고 가장 작은 수는 100입니다. 따라서 두 수의 차는 899입니다.

16a
1. 42, 42, (7+5), 30, (12+30)
2. 54, 54, (8+6), 40, (14+40)
3. 73, 13, 60, 73

16b
4. 12, 10, 22   5. 15, 20, 35
6. 11, 30, 41   7. 12, 40, 52
8. 16, 50, 66   9. 18, 60, 78

17a
1. 17, 70, 87   2. 18, 80, 98
3. 14, 60, 74   4. 16, 80, 96
5. 10, 50, 60   6. 12, 60, 72

17b
7. 1, 5   8. 1   9. 6, 5   10. 65
11. 5, 7, 6   12. 3   13. 63

18a
1. 1, 2, 1, 4, 2   2. 1, 1, 1, 5, 1
3. 1, 1, 1, 8, 1   4. 1, 0, 1, 9, 0

18b
5. 1, 30   6. 1, 40   7. 1, 50
8. 1, 60   9. 1, 70   10. 1, 80
11. 1, 90   12. 1, 20 13. 1, 31

19a
1. 17 67
   67
2. 15 75
   75
3. 13 53
   53
4. 10 40
   40

5.
$$\boxed{18} \quad \boxed{38}$$
$$\boxed{38}$$

6.
$$\boxed{10} \quad \boxed{40}$$
$$\boxed{40}$$

19b

7. 26
풀이 $18+8=26$
16
26

8. 31
풀이 $24+7=31$
11
31

9. 44
풀이 $35+9=44$
14
44

10. 50
풀이 $44+6=50$
10
50

11. 60
풀이 $55+5=60$
10
60

12. 74
풀이 $67+7=74$
14
74

13. 86
풀이 $78+8=86$
16
86

14. 91
풀이 $88+3=91$
11
91

15. 99
풀이 $92+7=99$
9
99

16. 31
풀이 $29+2=31$
11
31

20a

1.
$$\begin{array}{r} 57 \\ + 4 \\ \hline 61 \end{array}$$

2.
$$\begin{array}{r} 63 \\ + 9 \\ \hline 72 \end{array}$$

3.
$$\begin{array}{r} 37 \\ + 4 \\ \hline 41 \end{array}$$

4.
$$\begin{array}{r} 76 \\ + 9 \\ \hline 85 \end{array}$$

5.
$$\begin{array}{r} 89 \\ + 9 \\ \hline 98 \end{array}$$

6.
$$\begin{array}{r} 63 \\ + 9 \\ \hline 72 \end{array}$$

20b

7. [식] $27+5=32$ [답] 32마리

8. [식] $36+5=41$ [답] 41세

9. [식] $34+8=42$ [답] 42대

21a

1. 42
2 ····· $(7-5)$
40 ····· $(40-0)$
42 ····· $(2+40)$

2. 75
5 ····· $(8-3)$
70 ····· $(70-0)$
75 ····· $(5+70)$

3. 25
5 ····· $(9-4)$
20 ····· $(20-0)$
25 ····· $(5+20)$

21b

4. 4, 30, 34   5. 3, 40, 43

6. 1, 50, 51   7. 5, 60, 65

8. 7, 70, 77   9. 1, 80, 81

22a

1. 27
7 ····· $(12-5)$
20 ····· $(20-0)$
27 ····· $(7+20)$

2. 37
7 ····· $(15-8)$
30 ····· $(30-0)$
37 ····· $(7+30)$

3. 46
6 ····· $(13-7)$
40 ····· $(40-0)$
46 ····· $(6+40)$

22b

4. 9, 10, 19   5. 8, 20, 28

6. 8, 30, 38   7. 1, 50, 51

8. 7, 50, 57   9. 8, 60, 68

23a

1. 2, 30, 32   2. 9, 20, 29

3. 2, 50, 52   4. 8, 40, 48

5. 2, 70, 72   6. 7, 60, 67

23b

7. 34   8. 10   9. 2   10. 5

11. 2, 5   12. 25   13. 4, 5, 8

14. 3, 7   15. 37

24a

1. 4, 10, 6 → 4, 10, 4, 6

2. 5, 10, 8 → 5, 10, 5, 8

3. 7, 10, 5 → 7, 10, 7, 5

4. 8, 10, 7 → 8, 10, 8, 7

24b 5. 1, 10, 19 6. 2, 10, 29

7. 3, 10, 38 8. 4, 10, 46

9. 5, 10, 57 10. 6, 10, 68

11. 7, 10, 79 12. 8, 10, 88

13. 0, 10, 9

25a 1. 40 7 47 2. 60 9 69

3. 50 8 58 4. 20 4 24

25b 5. [식] (60+4)−8=56 [답] 56장
지선

6. [식] 35−8=27 [답] 27번

7. [식] 42−7=35 [답] 35명

26a 1. 9 14 / 14 / 9 +5 / 9 14

2. 29 34 / 34 / 29 +5 / 29 34

3. 15 21 / 21 / 15 +6 / 15 21

4. 35 41 / 41 / 35 +6 / 35 41

26b 5. 7 4 / 4 / 7 −3 / 7 4

6. 37 34 / 34 / 37 −3 / 37 34

7. 66 57 / 57 / 66 −9 / 66 57

8. 52 49 / 49 / 52 −3 / 52 49

27a 1. 37 45 / 45 2. 21 45 / 45

3. 85 94 / 94 4. 37 80 / 80

5. 90 95 / 95 6. 35 91 / 91

27b 7. 38 34 / 34 8. 48 56 / 56

9. 64 55 / 55 10. 56 63 / 63

11. 50 48 / 48 12. 27 32 / 32

28a 1. 1, 42 2. 1, 82 3. 1, 86

4. 1, 69 5. 1, 83 6. 1, 88

7. 1, 97 8. 2, 71 9. 1, 83

28b 10. 67 11. 52 12. 23

13. 51 14. 56 15. 82

16. > 17. < 18. 53 19. 56

29a
창의력
학습

예)

합이 가장 크게 되는 경우
6 5 / + 4 / 6 9

합이 가장 작게 되는 경우
1 2 / + 3 / 1 5

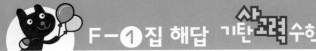
29b
창의력 학습

차가 가장 큰 수	차가 가장 작은 수
9 8 − 0 9 8	1 0 − 9 1

30a
경시 대회 예상 문제

1. (1) 8 (2) 6, 9 (3) 5, 7

2. 25, 8, 49   **3.** 1, 2, 3

4. (1) 8 (2) 5

30b
경시 대회 예상 문제

5. 16   풀이 13+7=△+13⇒△=7,
□−7=13−4, □−7=9
⇒□=9+7=16

6. 74−5−7̶−8=61

7. [식] 34−7−8=19   [답] 19명

8. [식] 7+15−4=18   [답] 18명

31a **1.** ⬭ **2.** ◎ **3.** 네모

4. 세모 **5.** 동그라미 **6.** 네모

31b **7.** ✕ **8.** 없습니다.

32a **1.** 선분 ㄱㄴ, 선분 ㄴㄱ

2. 선분 ㉮㉯, 선분 ㉯㉮

3. 반직선 ㄱㄴ **4.** 반직선 ㉯㉮

5. 직선 ㄱㄴ, 직선 ㄴㄱ

6. 직선 ㉮㉯, 직선 ㉯㉮

32b **6.** 선분 **7.** ㄷㄹ, 선분

8. 삼각형 **9.** 사각형 **10.** 원

11. 4 **12.** 3 **13.** 5

33a **1.** 직선 **2.** ㄱㄴ, 직선

3. 꼭짓점, 변

4.

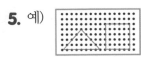

	변의 수	꼭짓점의 수
삼각형	3	3
사각형	4	4

33b **5.** 예)

6. 점 ㄱ, 점 ㄴ, 점 ㄷ

7. 점 ㄱ, 점 ㄴ, 점 ㄷ, 점 ㄹ

8. 변 ㄱㄴ, 변 ㄴㄷ, 변 ㄷㄱ

34a **1.** 원   **2.** 없습니다.

3. 같습니다.

4. 둥근 선으로 되어 있습니다.

5. 원

34b **6.** ③   **7.** 생략   **8.** ③

35a **1.** ㉯   **2.** ㉯

3. 선분 ㄱㄴ(선분 ㄴㄱ)

4. 선분 가나(선분 나가)

5. 직선 ㄱㄴ(직선 ㄴㄱ)

6. 직선 가나(직선 나가)

35b **7.**

8. 무수히 많이 그릴 수 있습니다.

9. 1개   **10.** 1개   **11.** ✕

36a **1.**   **2.** 꼭짓점

3. 변   **4.** 가   **5.** 나

36b **6.** 예) 선분으로만 둘러싸인 도형입니다.

7. 다, 자   **8.** 라, 마, 사, 아

9. 바   **10.** 사각형

37a 1.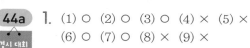

37b 2. 사각형　3. 원　　4. 삼각형
5. 2　　6. 3　　7. 4　　8. 0

38a 1. ② (○)　　2. (1) 선분　(2) 직선
3. 곧은 선입니다.
4. (1) 5개　(2) 6개

38b 5. 2개
6. 삼각형 ㄱㄴㄷ, 삼각형 ㄱㄷㄹ
7. 점 ㄹ　　　　8. 변 ㄱㄷ
9. 사각형 ㄱㄴㄷㄹ　10. 변 ㄱㄷ

39a 1. 4층　　　　2. 4개
3. 3개　4. 1개　5. 9개

39b 6. 2층　7. 1개　8. 3개, 1개
9. 4개　10. ⑤, ③, 앞

40a 1. ⑤, ①, 위　　2. ②, ③, 앞
3. ④, ⑤, 옆

40b 4. ㉡, ㉢　　　5. ㉠, ㉢, ㉣
6. ㉡　　7. ㉣　　8. ㉢

41a 1. 3, 1, 4　　　2. 2, 1, 1, 4
3. 3, 2, 1, 6　4. 5, 3, 1, 9

41b 5. 6　　6. 6　　7. 7
8. 8　　9. 7　　10. 8

42a 1. (1) 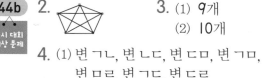　(2)
2.

42b 3. 나비　　　4. ▲, ■
5. 　　6. 10개

43a 창의력 학습
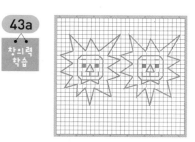

43b 창의력 학습　생략

44a 경시 대회 예상 문제
1. (1) ○ (2) ○ (3) ○ (4) × (5) ×
　(6) ○ (7) ○ (8) × (9) ×

풀이 (2)

두 점을 이은 선은 ㉠, ㉢, ㉣과 같은 굽은 선과 ㉡과 같은 곧은 선이 있습니다. 그런데 굽은 선은 수없이 많이 있으므로, 두 점을 이은 선은 수없이 많습니다.

44b 경시 대회 예상 문제
2. 　　　3. (1) 9개
　　　　　　　(2) 10개
4. (1) 변 ㄱㄴ, 변 ㄴㄷ, 변 ㄷㅁ, 변 ㄱㅁ, 변 ㅁㄹ, 변 ㄱㄷ, 변 ㄷㄹ
(2) 3개

45a 경시 대회 예상 문제
5. ②, ③
6. ⑤, ②, 위
7. 7개　　　　8. ㉡

45b 경시 대회 예상 문제
9. 　　　　　10.
11. (1) 10　　　12. 4개, 7개
　(2) 43, 34

46a
1. 770, 870, 970
2. 958   3. ③, ④, ①, ②

46b
4. 855

5. 18개 [풀이] 만들 수 있는 세 자리 수는 851, 850, 815, 810, 805, 801, 581, 580, 518, 510, 508, 501, 185, 180, 158, 150, 108, 105입니다.

6. 799 [풀이] 각 자리의 숫자의 합이 25이므로 7+□+□=25입니다. ⇒ □+□=18, 두 수를 더해서 18이 나오는 수는 9, 9입니다.

7. 4개 [풀이] 169, 269, 369, 469 가 있습니다.

47a
1. 440, 560, 600
2. 600, 609, 699   3. 7, 8, 9

47b
4. 6개 [풀이] 321, 312, 231, 213, 132, 123이 있습니다.
5. 802, 712, 690, 588, 399
6. 582   7. 325   8. 10   9. 1, 99

48a
1.

		76		
		8		
(78)	6	84	9	75
		(5)		
		79		

2.
48	56
64	72
67	75
87	95

3.
60	53
73	66
89	82
66	59

4. (1) 999
   (2) 10

48b
5. 21 [풀이] 가장 작은 두 자리 수는 30이고, 나머지 두 장 중 큰 수는 9입니다. 따라서 30-9=21입니다.

6. 8, 5
7. 8, 8
8. 81, 72, 79

49a
1.

24	8	5	37
7	55	6	68
9	5	79	93
40	68	90	

2. 26개 [풀이] 영주 : 24개, 영구 : 24+9=33(개), 영선 : 33-7=26(개)

3. [식] 74-8=66   [답] 66송이

49b
4. 1, 2, 3, 4, 5 [풀이] 7+48+6=61입니다. 따라서 61=47+8+□, 61=55+□, □=6이므로 □ 안에 들어갈 수 있는 수는 6보다 작은 1, 2, 3, 4, 5입니다.

5. 80   6. 73   7.

67	9	76
6	44	50
73	53	

50a
1. 변 ㄱㄴ, 변 ㄴㄷ, 변 ㄷㅁ, 변 ㄱㅁ, 변 ㄴㄹ, 변 ㄹㅁ
2. 점 ㅁ
3. 점 ㄱ, 점 ㄴ, 점 ㄷ, 점 ㄹ, 점 ㅁ
4. 3개

50b
5. 8개   6. 나, 사, 아
7. 가, 라, 마   8. 라

51a
1. 15개   2. ⊛, ⊛
3. 0, 1, 1

51b
4.

5. (1) 4개   (2) 5개   (3) 5개

52a
1. 1씩 커집니다.
2. 10씩 커집니다.
3. 11씩 커집니다.
4. 9씩 커집니다.

52b
5. 승엽   6. 일호
7. 찬호   8. 승엽

53a
1. 110씩   2. 90씩
3. 570에서 900까지 110씩 뛰어 세기를 하였습니다.
4. 560에서 920까지 90씩 뛰어 세기를 하였습니다.

53b
5. 432, 438, 482, 483
6. 823, 824, 832, 834
7. 384   8. 348

54a
1. [식] 21-7=14   [답] 14명
2. [식] 21-7+16=30   [답] 30명
3. [식] 30-9=21   [답] 21명
4. [식] 30-9+18=39   [답] 39명

54b
5. 26장
6. [식] 26+8=34   [답] 34장
7. [식] 34-9=25   [답] 25장
8. [식] 26+34=60   [답] 60장
9. [식] 60+25=85   [답] 85장
10. [식] 26+34+25=85   [답] 85장

55a
1. 82 풀이 ☆이 7이라면 69 +5+☆<□ ⇒ 81<□입니다. 따라서 □ 안에 들어갈 수 있는 수는 82, 83, 84, …입니다.

2. 8 풀이 69+5+☆<83이라면 ☆이 가장 큰 수가 되기 위해서는 69 +5+☆이 82가 되어야 합니다.

3. 25 풀이 세 자리 수 중에서 가장 작은 수는 100입니다. 따라서 69+5+☆<100입니다. ☆이 가장 큰 수가 되기 위해서는 69+5+☆이 99 가 되어야 합니다.

4. 24 풀이 두 자리 수 중에서 가장 큰 수는 99입니다. 따라서 69+5 +☆<99입니다. ☆이 가장 큰 수가 되기 위해서는 69+5+☆이 98이 되어야 합니다.

55b
5. 1, 2, 4, 5
6. 예)
```
        ┌─┐
        │1│
    ┌─┐ ├─┤ ┌─┐
    │2├─┤3├─┤4│
    └─┘ ├─┤ └─┘
        │5│
        └─┘
```
7. 6

56a
1. 2개   2. 2개
3. 2개   4. 9개

56b
5. 언니 : 2개, 동생 : 2개
6. 선분을 1개 더 그려야 합니다.
7. △   8. 4개
9. 꼭짓점의 위치
10. 예) ▱

57a
1. 4개   2. 3개
3. 4개   4. 4개

57b
5. ㉱, ㉰, ㉮, ㉯   6. 2개
7. ①, ⑥

58a 창의력학습

흰색이 검은색보다 **30**개 더 많습니다.

풀이

58b 창의력학습

생략

59a 경시 대회 예상 문제

1.
68	11	79
10	51	61
78	62	☆☆☆

2. (1) 7 풀이 식을 만족하는 수는 7, 8, 9, …입니다.
(2) 9 풀이 식을 만족하는 수는 9, 10, 11, …입니다.

3. 4자루 풀이 15−7=8(자루)이므로 형은 동생보다 8자루 더 많이 가지고 있습니다. 따라서 8자루의 반인 4자루를 동생에게 주면 11자루씩 똑같아집니다.

59b 경시 대회 예상 문제

4. (1) ☆=4, ◇=7
(2) □=8, △=6

5.

60a 경시 대회 예상 문제

6. 655 7. 6, 7, 8, 9

8. 6, 10, 15, 21

60b 경시 대회 예상 문제

9.   10.예)

성취도 테스트

1. 100
2. ⑦⑥③ ⑦⑥⑧
3. (1) 538 (2) 3, 6, 5
4.
47	39	86
45	29	74
2	10	☆☆☆
5. ②, ⑤
6. 1, 2, 3, 4
7. 나, 다, 바, 아
8. 자, 차
9. 라, 마, 카
10. 라, 마
11. 라
12. (1) 653, 658, 683, 685
(2) 536, 538, 563, 568
13. [식] 28+6=34 [답] 34장
14. [식] 12+9+7=28 [답] 28개
15. △, ○
16. ✕
17. 사각형 풀이 사각형은 8개, 삼각형은 1개, 원은 7개입니다.
18. (1) 5, 6 (2) 3, 7
19. 64 풀이 □−13=38에서 □=51입니다. 따라서 바르게 계산하면 51+13=64입니다.
20. 15장